군인 아빠 세 아이 육아법

군인 아빠 세 아이 육아법

초판 1쇄 2021년 09월 09일
지은이 심창우 | **펴낸이** 송영화 | **펴낸곳** 굿위즈덤 | **총괄** 임종익
등록 제 2020-000123호 | **주소** 서울시 마포구 양화로 133 서교타워 711호
전화 02) 322-7803 | **팩스** 02) 6007-1845 | **이메일** gwbooks@hanmail.net

ISBN 979-11-91447-59-0 03590 | 값 15,000원

※ 파본은 본사나 구입하신 서점에서 교환해드립니다.

※ **굿위즈덤**은 당신의 상상이 현실이 되도록 돕습니다.

아이들을 바꾼 진심 어린 아빠 육아의 힘

군인 아빠 세 아이 육아법

심창우 지음

굿위즈덤

'당신 삶의 존재 이유가 무엇인가?'라는 물음에 나는 답을 못했다. 그런데 맘시터 이모님이 한마디로 정리해주셨다. 부모의 삶이 존재하는 이유는 '아이'라고 말이다. 너무 쉬운 것 같은 말이면서 또 너무 어려운 말인 것 같았다.

누구든 세상에서 가장 중요한 것이 무엇이냐고 물어보면 나는 조건 반사적으로 '가족'이라고 말했다. 그런데 가슴은 가족이라고 말하는데 머리는 자꾸 대답을 망설였다.

남자는 태어났을 때, 부모님이 돌아가셨을 때, 그리고 자신이 죽을 때 딱 세 번만 운다고 한다. 내가 울었던 것을 세어보면 대략 수백 번은 될 것 같다. 그런데 성인이 되고 온종일 눈이 퉁퉁 붓도록 울었던 경우는 딱 두 번 있었다.

한번은 내가 25세 때이다. 나는 그때 태어나서 처음으로 종교를 가졌다. 크리스마스를 맞이하여 첫 고해성사를 했다. 그리고 비로소 남을 미워하고 저주하면서 살았던 나를 놓아주고 하나님께 용서를 구했다. 그리고 그동안 아프고 힘들어도 이 악물고 버티며 살아온 내가 불쌍해 종일 울었다. 두 번째로 울었던 때는 내가 육아휴직을 하던 날이었다. 공교롭게도 쌍둥이 아들들이 둘 다 장염으로 드러누운 날이었다. 주변 사람들은 아이 아픈 것은 금방 괜찮아진다며 '뭘 그런 걸 가지고 우냐?'라고 했다. 나는 아이가 아파서 우는 것이 아니었다. 당시에 나는 육아휴직을 하면서 이제 '나의 인생은 여기서 멈추었다.'라는 생각이 들었다. 그래서 그렇게 서럽게 울음을 토해낸 것이었다.

10년 전, 결혼을 앞두고 있을 때 당시 사단장님이셨던 이승도 예비역 장군이 나를 조용히 불렀다. 따뜻한 차 한 잔을 내주시며 내게 이런 말을 해주셨다.

"내가 지금까지 너를 쭉 지켜봤는데, 작전장교 너와 내가 살아온 것이 참 비슷한 것 같아. 나는 가난, 고통, 힘듦, 어려움, 인내 이런 단어를 좋아해. 평생을 이런 단어들과 함께 살아와서 너무나 익숙하고 내 몸은 이런 단어에 맞게 최적화된 것 같아. 그래서 아무리 어렵고 힘들어도 나는 즐거운 마음으로 버틸 수 있을 것 같아.

그런데 이런 단어를 나는 내 세대에서 끊어야 한다고 생각해. 너무나 힘들고 아파서 나의 아이들에게만큼은 이런 것을 절대로 알지도 못 하게 하고 싶어. 내가 고민해보니 '인생을 바르게, 정말 바르게 살면 결국에는 끊어낼 수 있는 것 같아.' 그래서 그 단어들을 작전장교 너의 시대에서 끊고 너의 아이들에게는 절대 물려주지 않으면 좋겠다."

이 말이 나의 가슴 속에 제대로 박혀버렸다. 그래서 나는 정말 바르게 살겠다고, 정말 잘 살겠다고 다짐했다. 나도 내가 사랑하는 아이들에게 가난, 고통, 힘듦, 어려움 등을 알려주기 싫었다. 그래서 남에게 싫은 소리 듣지 않고 주어진 소임에 충실하면서 꾸준히 천천히 무소의 외뿔처럼 그렇게 나는 바르게 살려고 노력했다.

나의 전출, 아내의 건강, 나홀로 육아 등 지금의 현실은 열심히 살아온 것에 대한 '대가'라기에는 내게 너무 가혹한 환경이었다. 내가 아직 준비가 안 되었는데 너무 순간적으로 훅하고 들어오니 감당하기가 쉽지 않았다. 너무 억울한 것 같았다. 아이들을 위해 힘들어도 바르게 살아왔는데, 아이들 때문에 부대 일을 멈춰야 했다. 참 아이러니했다.

휴직계를 내고 울고 떼쓰고 반항하는 아이들과 동고동락을 시작했다. 나는 너무나 거만했다. 나는 내 아이를 잘 안다고 생각했다. 그래서 육아 휴직 기간, 내 방식대로 아이들을 성공적으로 변화시킬 수 있다고 확신했다. 하지만 '무식하면 용감하다.'라고 했던가? 육아에 대해서 너무 무식해서 그래서 더 용감하게 헛다리를 짚었다. 결국 나와 아이들 가슴에는 아픈 생채기만 남았다.

내가 움직일수록 계속 상처만 남았다. 그래서 '모든 것을 내려놓고 싶었다.' 나는 그냥 쉬고 싶었다.

나를 점점 놓아버리고 있는데 그런 나를 온몸으로 밀며 일으켜 세우는 사람이 있었다. 못난 아빠에게 '사랑한다.'고 말하고 안아주고 다독여주는 아이들. 아이들은 나를 다시 일으켜 세우기 위해 안간힘을 쓰고 있었다. 그래서 아이들과 함께 나는 한 걸음씩 앞으로 다시 나아가기로 했다.

내 방에는 네 개의 타임캡슐 상자가 있다. 그 상자 안에는 아이들 각자의 소중한 추억이 담긴 물건들이 보관되어 있다. 그동안 바쁘다는 핑계로 정리는 하지 않은 채 꾸역꾸역 모아만 놓았었다. 그래서 상자를 처음으로 정리했다.

상자 속에서 내가 2년 전에 딸에게 쓴 편지를 찾았다. 아이가 너무 작아 손수건 한 장으로도 덮였었는데 벌써 자란 것에 대한 아쉬움, 그리고 세상의 모진 풍파 속에서 반드시 너희를 지킬 것이라는 나의 다짐이 적혀 있었다.

예전에는 아이를 지킬 것이라 큰소리치더니 지금은 주변 환경 탓하고 그런 아이들을 밀어내고 있는 한심한 나를 보면서 참 씁쓸했다. 그래서 나는 나의 시행착오를 정리했다. 다시는 멍청한 짓을 하지 않기 위해 이 글을 쓴다.

육아를 하며 내가 겪게 된 각종 사건들은 가만히 보니 군대에서 부대 관리하면서 접해본 문제들과 비슷했다. 그래서 내가 군에서 경험했던 많은 부대 관리 기법을 적용해보았다. 가정과 연계한 관리, 마음의 편지함, 신병 면담, 수양록 작성 등 하나씩 적용해보니 유사한 것이 많았다. 그래서 나는 내가 잘 알고 잘할 수 있는 방법으로 육아하며 배운 원칙과 기술을 정리해보기로 했다.

정리하고 보니 이제는 내 삶이 존재하는 이유가 명확해지는 것 같다.
내 삶의 존재 이유는 '세 아이'라는 것을.

목 차

2장 야단쳐봤자 아이는 행동을 멈추지 않는다

3장 아빠 육아로 아이들이 변하기 시작했다

4장 행복한 아이, 행복한 부모가 되는 8가지 기술

5장 아이의 마음을 잘 헤아리면 아이는 저절로 자란다

1장

어느 날 갑자기

육아휴직을

하게 되었다

01

나는 어떤 아빠가 되고 싶은가?

"당신은 어떤 아빠가 되고 싶습니까?"라고 묻는다면 보통 사람들은 '부자 아빠', '돈 잘 버는 아빠', '훌륭한 아빠', '좋은 아빠' 등을 들 것이다. 다시 질문해본다. "당신은 당신의 아이에게 어떤 아빠가 되고 싶습니까?" 이렇게 '당신의 아이에게'라는 문구가 들어가면 선뜻 대답하기가 쉽지 않다.

올해로 군 생활 18년 차인 나에게 "저는 아버지를 가장 존경합니다."라고 당당하게 말한 용사는 딱 두 명이었다. 대다수 용사는 자신의 아버지에 대해 질문하면 직업이나 건강 상태 등을 간략하게 이야기할 뿐이다.

다른 이야기는 하지 않는다. 이 2가지에 관해 이야기가 끝나면 그때부터 약속이나 한 듯 침묵이 흐른다.

아들에게 존경받은 두 아버지. 한 분은 정말 평범한 회사원이셨고 다른 한 분은 사업에 실패하시고 재취업을 준비하시는 분이었다. 그들에게 아버지를 존경하는 이유가 무엇인지 물어봤다. 회사원 아버지를 둔 아들은 평소 화 한 번 내지 않고 항상 친구처럼 든든한 나무처럼 버텨주셔서 존경한다고 했다. 다른 용사는 자신의 아버지는 사업도 망했고 이혼도 했지만 여전히 가족을 위해서라면 뭐든지 책임지려고 한다고 했다. 자신과 동생을 대할 때 아버지가 우리를 '사랑하는구나.' 하는 마음을 느낄 수 있다고 한다. 그래서 존경한다면서.

나는 경제적으로 여유가 있으면 가족 간에 좀 더 친밀해진다고 생각했다. 부모와 자식 간에도 좋은 관계를 맺을 가능성이 크다고 생각했었다. 그러나 18년 군 생활 경험으로만 놓고 본다면 결과는 반대가 많다.

나는 내 아버지를 어떻게 생각하는가? 참으로 죄송하지만 나는 나를 낳아주신 아버지를 좋아하지만 존경하지는 않는다. 아버지는 내가 초등학교 2학년, 여동생이 학교에 입학도 하기 전에 어머니와 이혼하셨다. 아버지는 혼자의 힘으로 나와 동생을 키웠다. 주변에서 꽤 솜씨 좋은 목수로 인정받아 일감은 끊이지 않았다. 하지만 키도 작고 몸이 약한 탓에 벌어들인 돈은 약값으로 나가는 게 많았다. 아버지는 세금이 연체되는 것을 병적으로 싫어하셨다. 그래서 전기세 한 번 밀리지 않고 꼬박꼬박 내셨다. 그 누구보다도 성실하게 열심히 사셨다. 이른바 '법 없이도 살 사람이다.'라는 말은 우리 아버지 같은 분을 두고 하는 이야기다.

그런데 내가 이런 아버지를 존경하지 않는 이유는 '돈에 대한 상처' 때문이다. 아버지는 돈과 관련된 문제에 있어서는 자식에게도 칼 같은 분이셨다. 믿기지 않겠지만 나는 고등학생 1학년부터 2학년 때까지 새벽에 일어나 신문 배달을 하며 그 돈으로 생활했다. 고3 수험생 시절에는 돈이 없어 쉬는 시간마다 옆 반 친구에게 참고서를 빌리러 돌아다녔다. 대학 등록금, 생활비도 당연히 내 아르바이트비로 충당하면서 다녔다. 덕분에 생활력 하나는 누구보다 강하게 되었다.

나는 대학 졸업 후, 장교로 입대해 7년간 의무 복무를 하기로 되어 있었다. 혼자서 생각해보니 여행도 한 번 못 가고 나의 20대 청춘이 사라질 것 같았다. 한참을 망설이고 눈치를 보다가 아버지께 조금만 도와 달라고 어렵게 이야기를 꺼냈다. 그렇게 2주간을 매달려 아버지께 100만 원을 지원받았다. 그 후 한 달 동안 아버지는 나만 보면 '돈 귀한 줄 모르는 놈'이라며 욕을 해대셨다. 나는 결국 빌린 100만 원을 다시 아버지께 돌려드렸고 그제야 아버지의 욕도 멈췄다.

이런 아버지가 돈을 더 벌겠다고 잘 알지도 모르는 주식에 손을 대셨다. 그렇게 평생 모은 억대의 돈을 순식간에 날리셨다. 난 아버지가 억대의 돈이 있다는 것도 그때 알았다. 자식에게 쓰는 돈 100원도 아깝다며

'돈, 돈' 하시던 아버지. 그날 이후 나는 '내가 부모가 되면 절대 아버지처럼 살지 않겠다'고 다짐했다.

전역한 두 분의 선배님이 떠오른다. 두 분 모두 업무능력이 뛰어나셨다. 항상 무에서 유를 창조하고 시작한 일은 반드시 성과를 내는 베테랑이셨다. 두 분의 군대 내 업무능력은 비슷했지만, 가정의 모습은 너무 달랐다.

한 분은 운동할 때, 점심시간 등을 이용해 후배들에게 자주 가족 관련 이야기를 했다. 매주 월요일이면 아이들과 주말을 보낸 이야기, 주변 맛집, 공원 다녀오기 등 특별한 것은 아니지만 항상 따뜻한 기운이 느껴지는 이야기를 했다. 가끔 후배들에게 요즘 아이들이 이런 음악을 좋아한다며 방탄소년단 노래나 드라마 〈도깨비〉의 OST도 틀어주었다. 나는 방탄소년단을 이 선배님을 통해서 알게 되었다. 그 선배님을 보면서 후배들이 공통으로 했던 이야기가 '참 아이들과 재밌게 사신다'는 것이었다.

다른 선배님은 가족 이야기를 후배들에게 한 적이 없다. 어쩌다 형수님에게서 전화가 오면 선배님은 항상 똑같은 소리를 하셨다. "바쁘다. 급한 거 아니면 나중에 하자." 그러고는 전화를 끊기 일쑤였다. 실제 전화가 걸려왔을 때 바쁜 적은 한 번도 없었는데 말이다.

우연히 가족 이야기를 하지 않는 선배님 가족들을 카페에서 만났다.

같이 차를 마시다가 대학생 따님이 합류하게 되었다. 선배님과 형수님께서 잠시 자리를 비운 사이, 분위기가 어색해 내가 선배님 칭찬으로 분위기를 전환하려 했다. '부대에서 일 정말 잘하시고 훌륭한 분'이라며 "좋은 아빠가 계셔서 좋으시겠다."라고 말했다.

내 말이 떨어지기가 무섭게 대학생 딸이 고개를 갸우뚱하며 말을 받았다. "우리 아빠가 그럴 리가요? 우리 아빠 좋은 사람 아닌데요." 그 후 서로 각자의 휴대전화만 만지작거렸다. 선배님이 오시고 나서야 어색함은 끝났다.

돌이켜 보면 결혼하기 전까지 '나는 어떤 아빠가 될 것인가?'라는 진행형이 아닌 '나는 어떤 아빠가 되어 있어야 한다'는 완료형을 꿈꿨다. 그래서 계속 반복적으로 나에게 주문을 걸었다. '아버지처럼 돈만 좇으며 살지 말자, 존경받는 아버지가 되면 좋겠지만, 적어도 자식에게 원망받는 아버지는 되지 말자.'라고 말이다. 그렇게 목표는 정했지만, 방법은 생각하지 않은 채 시간만 흘려보내고 말았다.

딸이 태어나고 내가 진짜 아빠가 되었다. 나는 '어떤 아빠가 되겠다'는 생각은 해본 적이 없다. 대신 좋은 것은 아이에게 다 해줘야 한다는 생각만 가지고 살았다.

딸에게 주기 위해 장난감이나 옷을 사면 주변에서 이런 말들을 한다.

"와~ 정말 좋은 아빠세요. 어떻게 이렇게 신경을 많이 쓰세요."

어느 날 딱 하루, 아침에 아이를 어린이집에 데려다주고, 오후 어린이집 행사를 아내가 등을 떠밀기에 할 수 없이 참석했다. 그랬더니 나는 사람들이 말하는 '아이에게 관심 많은 자상한 아빠'가 되어 있었다. 이런 학습된 오류 때문인 것 같다. 나는 어느 순간부터 사람들이 생각하는 '좋은 아빠'라는 기준에 맞추어 물건을 잘 사주는 아빠. 아이가 원한다면 빚을 얻어서라도 다 해주는 아빠. 눈에 보이는 행사에 반짝 참석해주는 아빠, 그러면 아이에게 좋은 아빠가 될 수 있다고 생각하게 된 것 같다.

나도 아빠가 처음이라서 '많은 사람의 생각이 틀리겠어?'라고 생각했다. 그렇게 아이가 원하는 대로 다 해주었으니 적어도 아이에게 원망받고 미움받을 가능성은 적겠지. 그렇게 근거 없는 확률에 의지해 생활해 왔다.

시간이 흘러 어느 날, 아내가 내게 한마디했다. "애가 원하는 것 다 사주고, 오냐오냐 다 받아주는 행동은 딸바보들이나 하는 짓이지, 좋은 아빠들이 하는 행동은 아니다." 순간 머리가 멍해졌다. 적어도 원망은 안 들을 것으로 생각했는데…. 그러면서 나는 '아이에게서 원망받고 상처받는 건 시간문제'라는 두려움이 생기기 시작했다.

군 생활을 하면서 배운 것 중 하나가 뭐든지 꼼꼼히 생각하고 계획을 세워서 실천하는 것이다. 어느 자리에서 무엇을 배우고, 어떤 업무실적을 쌓고, 어떻게 평가받고, 그리고 그런 것들이 바탕이 되어서 진급하고, 또 선한 영향력을 펼치고 하는 식으로 말이다.

그래서 나에게 물어보기 시작했다. 좋은 아빠란 어떤 사람이고 나는 어떤 아빠가 되고 싶은지. 아이와 몸으로 놀아주기, 요리해주기, 아이를 믿어주기, 좋은 애착을 형성하기, 인생의 동반자로 먼저 인정해주기 등등 인터넷을 뒤지니 좋은 아빠가 되는 데는 요구되는 것이 참 많다. 이런 것만 하면 좋은 아빠가 될 수 있을까? 내가 원하는 아빠의 모습을 아이의 기억 속에 심어줄 수 있을까? 그래, 내가 한번 해보자.

현장에 답이 있다고 했던가? 그 말이 정답이다.

막연한 고민과 이론만 가지고 있던 내게 세 아이를 떠맡아 육아해야 하는 영광(?)이 찾아왔다. 그 시간을 아이들과 부딪치면서 울고 웃으며 지냈다. 그러면서 나는 내가 어떤 아빠가 되고 싶은지에 대한 답을 그제야 찾았다. 너무나 고맙고 너무나 감사하다.

나의 버킷리스트, 그리고 나의 블로그에 이렇게 써본다.

'내가 되고 싶은 아빠, 스윗 브리즈(Sweet Breeze)'라고 말이다.

02

내 아이는 왜 이런 행동을 할까?

어느 날, 첫째 딸 초등학교 담임 선생님에게 전화가 왔다.

"예진이 아버님, 바쁘실 텐데 잠시 통화할 수 있으실까요?"

아이의 문제는 엄마들이 선생님과 얘기하는 경우가 많다. 그래서 기본적으로 등하교 시간을 통해 아이의 특이사항을 소소하게 다 공유한다. 그런데 등하교가 아닌 시간대에 아이 문제로 전화를 하는 경우라면 다치거나 아픈 경우가 대부분이다. 통상 이런 전화를 받으면 엄마들은 가슴이 철렁한다. 요즘은 코로나로 민감한 시대다. 이 때문에 학교나 어린이집에서 아이가 '열이 난다'는 말 한마디만 해도 엄마들의 가슴은 무너져 내리기 때문이다. 나는 같이 근무하는 여군들을 통해 그런 경우를 자주 접했다. 그래서 학교와 어린이집에 급하게 통화해야 할 일이 있으면 아내 대신 나에게 전화해달라고 부탁했다. 내가 아내보다는 정신력이 강하니까.

"아버님께 전화할까 말까 한참을 고민했는데요."

선생님은 전화를 걸어 놓고도 잠시 침묵했다.

"아버님, 놀라지 마시고요. 그럴 수 있는 일인데 알고는 계셔야 할 것 같아요. 최근에 예진이가 다른 친구의 물건을 말없이 가져가는 경우가 몇 번 있었어요. 제가 교육은 했는데 오늘은 친구의 팔찌를 말없이 가져가고는 계속 거짓말을 하네요."

아마 아내가 선생님과 통화했다면 기절했을 것이다. 선생님은 완곡하게 정제해서 설명했다. 하지만 결론은 도둑질했다는 것이다. 그것도 최근 들어 자주 말이다. 앞이 깜깜하고 시간이 멈춘 것 같았다.

물건을 가져가는 것이 처음엔 색연필로 시작되었다고 한다. 수업하는데 책상 위에 우리 아이만 색연필이 없었단다. 색연필이 없냐고 물었더니 돌봄교실에 두고 왔다며 교실을 나갔다고 했다. 잠시 뒤에 다른 사람의 이름이 붙은 색연필을 들고 와서는 자신의 것이라며 사용했다고 한다. 교과서, 가위, 풀 다른 물건들도 항상 같은 패턴으로 말이다. 심지어 다른 사람의 이름이 적힌 일기장까지도 버젓이 자기 것인 것처럼 제출했다고 한다. 뻔히 보이는 거짓말인데도 선생님은 야단치지 않았다. 부모가 맞벌이고 내가 군인이라 주말에나 아이를 보는 상황을 알기 때문에 주의만 주고 계속 챙겨주셨다고 한다.

그런데 오늘은 상황이 달랐다. 수업이 끝나면 예진이는 돌봄교실로 가야 했다. 그런데 말없이 하교한 것이었다. 학교에서는 아이가 없어져 한바탕 난리가 났었다. 아이의 친구 엄마가 아이가 돌봄교실에 안 간 것을 알고 다시 차를 이용해 학교로 데려다주었다. 그런데 차에서 내리면서 뒷좌석에 있는 친구 팔찌를 몰래 주머니에 넣었다고 한다.

순간적으로 '욱'했다. 아이를 가만두지 않겠다는 생각에 휩싸였다. 내 아이가 문제아인가? 뭐가 문제지? '바늘 도둑이 소도둑 된다'는데…. 빨리 바로잡아야겠다는 생각만 들었다. 모든 일을 제쳐두고 바로 휴가를 냈다. '왜 그런지 물어봐야겠다. 거짓말을 하면 때려서라도 반드시 버릇을 고치리라.' 다짐하고 다짐하면서 집에 올라왔다. 정말 울고 싶었다.

아이를 마주하는 순간 변명을 듣기보다 그저 '때리고 싶은 충동'만 일었다. 하지만 흥분을 감추고 물었다.

"예진아, 왜 다른 사람의 물건인데 몰래 가져와서 쓴 거야? 아빠는 그 이유가 궁금해서 물어보는 거야."

아이는 한참 망설이다가 이야기했다.

"학교에서 가져오라고 하는 게 있는데…. 솔직히 잘 모르겠어요. 엄마는 늦게 오고, 아빠는 주말에만 오니까 말할 수가 없잖아요. 선생님이 나한테 너무 잘해주시니까 준비물 없는 모습 보여주기가 싫었어요. 그래서 다른 반에서 잠시 빌려 오고 갖다 놓으려고 했는데…. 팔찌는 지난주에 아빠가 사준 것과 똑같아 제 것인 줄 알았어요. 차에서 내려서 보니 두 개가 있어서 '이게 뭐지' 한 거예요."

딸의 변명에 나는 더는 할 말이 없었다. 한창 부모의 손길이 필요한 시기인데 부모가 아이 준비물도 못 챙기면서 누구를 탓할 수 있으랴. 아이를 위해 잘 살려고 맞벌이를 하는 건데, 이게 아이를 위한 것인가? 조금 덜 벌더라도 아이와 같이 있어주는 게 맞는 게 아닐까? 그냥 한숨만 나왔다.

"아빠가 잘 챙겨줄 테니 다음에는 그러지 마. 아빠가 아주 미안해."

그리고는 아이를 그냥 꼭 안아주었다. 담임 선생님과 또 통화를 하게 되었다. 순간 겁부터 났다. 설마 또 뭔가를 훔친 것은 아니겠지? '자라 보고 놀란 가슴 솥뚜껑 보고 놀란다.'라고 하더니 이제 학교에서 전화가 오면 긴장된다.

"아버님, 예진이가 자신의 물건을 친구들에게 막 나눠주네요."

지우개, 스티커, 말랭이, 팝잇 등 종류도 다양했다. 나는 '물건을 뺏거나 훔치는 것도 아니고, 친구들에게 나눠주는 건데 뭐 어때?'라고 생각했다.

"그런데 이제는 친구한테 돈까지 주려고 하네요. 다행히 지금까지 돈을 준 경우는 아직 없는데…."

갑자기 당황스러웠다. '물건은 친구가 좋아서 준 거라 치자. 그런데 왜 돈까지 주는 것이지?' 이해가 안 되었다. 선생님은 물건을 나눠주면 친구들 사이에서 누구는 주고 누구는 안 주고 하면서 아이들 간에 싸움이 난다고 했다. 그러다가 심해지면 왕따로 이어지는 경우가 빈번하단다. 그러니 집에서도 꼭 교육해달라고 당부하면서 선생님은 전화를 끊었다. 저녁에 아이에게 물어봤다. 왜 물건을 친구들에게 주는 것인지 그 이유가 궁금했기 때문이다.

"저는 전학 와서 여기에 아는 친구가 한 명도 없어요. 그런데 과자나 물건을 주면서 같이 놀자고 하면 친구들이 놀아주니까. 그래서 준 거예요."

이 말을 듣고 있자니 몇 년 전 조카가 초등학교 입학할 때, 동네 아이들끼리 주고받던 대화가 생각났다. "너 어느 유치원 출신이야? 동네 어린이집 출신이면 우리랑은 못 놀아."라는 대화였다. '무슨 여덟 살 꼬마들이 출신을 따지고 난리지?' 그때는 '참 웃기는 세상이네.' 하고 웃어넘겼다. 그런데 생각해보니 이게 '요즘 아이들 세계의 냉정한 현실'이었다.

가슴이 미어졌다. 딸이 올해 아홉 살인데 태어나서 지금까지 이사를 다섯 번, 어린이집 네 번에 초등학교를 두 번 옮겼다. 쌍둥이 아들들도 다섯 살인데 세 번 이사에 어린이집만 네 번째 옮겼다. 결코 적은 숫자는 아니다.

하나씩 생각해봤다. 아이가 물건을 훔쳤을 때도 돌이켜보면 이사를 했고 초등학교 입학으로 환경이 크게 바뀐 상태였다. 이번에 물건을 나눠줬을 때도 이사를 했고 전학을 했다. 항상 환경이 바뀌면서 문제가 있었다. 그러고 보니 그렇다. 쌍둥이가 물건을 던지는 것, 미친 듯이 소리를 꽥꽥 지르는 것도 항상 주변 환경이 바뀔 때였다.

어른인 나도, 내가 좋아서 선택한 군인의 길이지만, 근무지를 옮기는 것은 대단히 힘들다. 아내도 근무지를 옮긴다고 하면 한숨부터 쉰다. 아무리 업무를 잘하는 사람도 변화된 환경에 적응하는 데 최소 3개월은 걸린다. 주변에 뭐가 있는지도 모르는 곳에서 새롭게 시작하다 보면 당장 밥 먹는 것부터가 녹록지 않다. 어른 중에도 가끔 적응을 못 하고 직장을 떠나는 사람도 있다. 그만큼 환경의 변화는 사람이 받아들이기에 그리 간단한 문제가 아니다.

그런데 어른들도 쉽지 않은 변화에 대한 적응을 아이들은 잘할 수 있을까? 자신의 감정 표현도 제대로 하지 못하는 아이들인데…. 우리는 흔히 '아이들은 어리니까, 아무것도 모르니까 그냥 두면 알아서 적응한다'고 말한다. 당연히 언젠가는 적응하기는 한다. 중요한 것은 얼마만큼 빨리 적응하는가? 그리고 얼마만큼 덜 상처받고 적응하는가? 이 2가지다.

우리의 상식으로 보면 아이의 행동은 정말 상식 밖이다. 그런데 아이 자체에 문제가 있는 게 아니다. 그 누구도 변화된 환경에 적응하는 법을 가르쳐주지 않았던 것일 뿐이다. 어른들도 모르니까 말이다. 부모는 무지했고 아이는 혼자서 변화를 감당해야 했다.

우리가 말하는 아이의 이상한 행동은 변화된 환경 속에서 자기 나름대로 살아남으려는 몸부림이 아니었을까? 세상에 나쁜 아이는 없다. 아이에게 영향을 주는 혼란스러운 환경만 있을 뿐. 그리고 무지한 부모만 있을 뿐.

03

어느 날 갑자기 육아휴직을 하게 되었다

재작년 진급에서 떨어졌다. 군 생활 열심히 했다고 생각했는데 떨어지니까 마음이 많이 아팠다. 나의 아픔보다는 아내에게 아이에게 너무 미안했다. 가장 미안했던 순간이 계속 떠올랐다.

아내가 쌍둥이를 임신하고 점점 배가 불러왔다. 이제는 병원 가는 것도 힘들어했다. 아내는 태어날 아이들을 위해 직접 옷을 준비하고 싶다며 쇼핑 가자고 졸랐다. 아내 잔소리가 듣기 싫어 결국 가까운 아울렛에 갔다. '아, 가는 날이 장날'이라더니 부대에서 비상이 걸렸다. 급하게 부대 들어가는데 집에 들렀다 가면 많이 늦을 거 같았다. 그래서 4차선 도로에 임신한 아내와 딸아이를 내려두고 부대로 들어갔다. 그때가 한겨울이었다. 아직도 미안하다.

이런 미안함을 원죄처럼 가지고 있는데 아내에게 스카우트 제의가 들어왔다. 아내는 심각하게 고민을 했다. 아마 내가 진급했더라면 '말도 안 되는 소리 하지 말라'며 바로 막았을 거다. 그때 나는 너무나 거만했고 배려가 없는 사람이었으니까.

아내도 욕심이 많은 사람이었다. 그런데 그동안 나와 아이들 때문에 항상 그림자 역할만 하고 살았다. 나도 하고 싶은 군인의 길을 가면서 살지 않는가? 그러면 아내도 자신이 하기 싫다면 모르지만 하고 싶은 일이 있다면 그것을 하면서 살 권리가 있다. 그래서 아내의 꿈을 응원하기로 했다.

"당신, 이제는 누구의 아내, 누구의 엄마라는 이름으로 살지 마. 당신의 이름으로 살아. 애들은 나도 집에 좀 더 신경 쓸 테니까 하고 싶은 거 하면서 살아."

아내는 잠깐씩 아르바이트처럼 다니던 중소회사를 그만두고 강남의 금융계 회사로 진출했다. 매일 새벽 5시 반에 일어나 용인에서 서울로 출근했다. 아내는 힘들어 주말에는 침대에 쓰러졌지만 너무나 행복해보였다. 아이들 돌보기는 동네에 사는 맘시터 이모님이 도와주셨다. 한채수

여사님이다. 아직도 이모님을 생각하면 더 챙겨드리지 못한 게 죄송하다. 이모님은 새벽에도, 밤에도, 갑자기 아내에게 급한 일이 생길 때에도 항상 달려와서 아이들을 챙겨주셨다. 게다가 이모님은 아이들에게 정말로 많은 사랑을 주셨다. 아이들이 나중에는 아빠, 엄마보다도 이모님이 더 좋다고 했다. 이모님 덕분에 아내는 경단녀 꼬리를 떼고 자기 이름의 명함을 가지게 되었다.

그러던 겨울날 아침, 전날 내린 폭설로 아내의 차가 미끄러지면서 사고가 났다. 나는 가슴이 철렁했다. 다행히 아내는 다치지 않았고 차만 수리하면 되었다. 그리고 한 달 뒤, 아내 차가 또 사고가 났다. 이번에는 뒤에서 오던 관광버스가 미처 신호를 못 보고 아내의 차에 돌진했다. 차 뒷좌석과 트렁크는 다 찌그러졌고 아내는 목과 허리를 다쳐 계속 치료를 받아야 했다. 나는 걱정이 되어 아내에게 일 그만하고 쉬라고 말했다. 하지만 아내는 치료와 병행하며 회사 가는 것을 고집했다. "그러다 죽는다. 죽으면 무슨 소용이냐?"라고 모진 말을 하며 아내를 말렸다.

하지만 아내는 "내 이름으로 살라고 하지 않았냐, 크게 다친 것도 아닌데 웬 호들갑이냐?"라며 끝내 다시 회사로 나갔다. 아이 셋의 엄마 그리고 경단녀라는 현실에서 지금 쉬면 절대 일어설 수 없다는 생각이 아내를 참고 버티게 한 것이다. 씁쓸했지만 난 그냥 말없이 응원했다.

그리고 얼마 뒤 아내는 또 교통사고가 났다. 남들은 1년에 교통사고가 한 번 날까 말까인데 벌써 세 번째다. 이번에는 고속도로에서 차선변경 간에 옆에 차와 부딪히는 사고가 났다. 차는 많이 부서지지 않았지만 연속된 교통사고로 아내의 몸은 여기저기 많이 망가지고 말았다. 아내는 계속 치료를 받아야 했다. 아이들이 안아달라며 안기는데 아내는 그것조차도 힘들어했다. 그런데 내가 부산으로 발령이 났다. 어떻게 해야 하나 무척이나 고민했다. 하지만 누구도 도와줄 수 있는 사람이 없다. 그래서 아내가 건강해질 때까지 당분간 내가 아이들을 돌보기로 했다.

부대 생활을 하면서 아이를 돌보려면 주간에 어딘가 맡겨야 한다. 딸아이는 초등학교의 돌봄교실에 보내면 어느 정도 보호가 가능했다. 그런데 쌍둥이 아들들이 문제다. 인터넷을 검색하고 주변의 여군들과 후배들에게 아이가 다닐 수 있는 어린이집을 수소문했다. 30곳이 넘는 곳을 전화해서 입소 가능 여부를 확인했다. 최소 3개월 전에는 대기 접수를 해야 한다며 모두 거절했다. 10여 군데는 직접 찾아가 자세하게 집안 사정 얘기도 했다. 하지만 어린이집은 법으로 엄격하게 정원통제가 되어 있었다. 게다가 일부 어린이집은 코로나로 인해 가정 보육이 늘어나면서 수요가 줄어 기존에 있던 5세 반도 허가를 많이 취소했다고 한다.

나처럼 아이를 돌봐줄 가족이나 친인척이 없으면 어떻게 하지? 맞벌이 부부는 애들을 어떻게 하는 거야? 군인 부부들은 그럼 어떻게 하지? 막상 부딪혀보니 아이들 양육하는 게 쉬운 일이 아니었다. 아무리 찾아도 어린이집 정원을 법으로 통제하니 받아주는 곳이 없어 발만 동동 굴렀다.

결국 가장 빨리 입소할 수 있는 어린이집에 대기 접수를 해놓고 당분간 가정 보육을 하기로 했다. 그런데 주간에 아이를 돌봐줄 이모님을 구하기도 쉽지 않았다. 나는 처음 해보는 맘시터 카페에 가입하고 계속 맘시터 이모님을 모집했다. 지원하는 사람은 많은데 딱 봐도 돈 때문에 덤비려고 하는 사람들이지 아이를 위해서 사랑으로 하려는 사람은 거의 없었다. 용인에서 아이들을 챙겨주셨던 한채수 이모님의 손길이 간절히 그리웠다.

첫째 아이는 학교에 가야 하는데 이사를 와서 주변을 전혀 모른다. 등교를 시키려면 누군가가 데려다줘야 한다. 그렇다고 쌍둥이를 집에 두고 맘시터 이모님에게 딸아이의 등교를 시켜달라고 할 수도 없다. 결국 나는 두 명을 고용해야 했다. 월급을 받아서 맘시터 두 분의 월급을 드린다. 그리고 기본적인 공과금을 제외하고 나면 생활비를 포함하지도 않았는데 '와~ 마이너스다.' 일하면 할수록 마이너스다. 아내의 빈자리가 더 커보였다. 하지만 대안이 없다. 나는 당분간 그렇게 살기로 했다.

쌍둥이 아들들을 돌봐주시는 분은 아이 돌보는 것이 처음이었다. 연세는 있었지만 또래의 손자, 손녀도 있어 안심되었다. 딸아이를 돌봐주시는 분은 어린이집을 운영한 경험이 있고 유아 관련 다양한 자격증까지 보유하신 분이었다. 이렇게 두 분의 도움으로 나는 군 생활을 하면서 아이들을 돌보기 시작했다.

그런데 고용한 첫날, 아내가 울면서 전화가 왔다. 아내는 쌍둥이 아들들을 돌봐주시는 이모님이 힘드실 것 같다는 생각에 안부 전화를 드렸단다. 그날 이모님은 아이가 장난감 블록을 던져 이마에 맞았다고 한다. 그래서 기분이 나빠 둘째 아이를 때렸다고 했다.

나는 당황스러웠지만 "확인해볼게." 하고 전화를 끊었다. '설마… 아이를 때렸다고? 때렸더라도 대놓고 얘기할 수 있을까? 오해겠지.' 하며 나쁜 생각을 하지 않으려 했다. 저녁에 이모님께 어떻게 된 일인지 물어보려 했지만 결국 묻지 못했다. 다음날 낮에 내가 이모님께 전화를 드렸다. 그랬더니 오늘은 아이와 기싸움을 한다며 온종일 아이를 울렸다고 한다. 그리고 안아달라고 다가와도 전부 뿌리쳤다고 당당하게 얘기했다. 이건 명백한 학대 아닌가?

마음으로 '이분은 아니다.'라고 외쳤다. 하지만 난 다음 날도 출근해야 했다. 당장 아이를 돌봐줄 사람이 없었다. 울며 겨자 먹기로 아이들에게 함부로 하지 말라 얘기하고 계속 쓸 수밖에 없었다. 몸은 부대에 있지만, 아이들이 안전한지 계속 신경 쓰였다. 퇴근하면 오늘 이모할머니가 어떻게 했는지 아이들에게 물어봤다. 의심하고 싶지 않지만, 아이들 안전과 관련된 문제라 계속 의심을 해야 했다. '내가 뭐 하는 짓인지? 왜 이렇게 해야 하는지?' 이 상황이 정말 한심스러웠다.

그렇게 이모할머님과의 불편한 약 한 달 반의 동거는 쌍둥이의 어린이집에서 입소 허가가 나면서 끝이 났다. 가끔 여군들이나 맞벌이하는 선후배들의 이야기를 들으면 정말 믿을 수 있는 사람이 없어 힘들다는 얘기를 자주 듣는다. 그런 이야기를 처음 들을 때는 안쓰럽다는 마음만 들었는데 막상 나도 겪고 나니 이제는 너무나 공감이 간다. 나라에서 제도적으로 아이 돌볼 수 있는 환경을 만든다고 홍보하지만 글쎄…, 내가 경험해본 현실과는 아직 상당한 거리감이 있다. 나만 그렇게 느끼는 걸까?

하루는 퇴근하는데 어린이집 원장 선생님의 전화가 왔다. 낮에 쌍둥이를 돌봐주러 잠시 집에 들렀는데 아이가 9층 베란다에서 놀았다고 한다. 아이들이 베란다 난간 밖으로 손과 몸을 내밀고 나뭇잎을 창밖으로 던졌다는 것이다. 다행히 위험한 상황으로 전개되지는 않았지만, 큰일이 생기지 않게 뭔가 조치가 필요하다고 했다. 말만 들어도 소름이 끼쳤다. 퇴근과 동시에 나는 모든 창문을 못을 박아 열지 못하게 만들었다.

며칠 뒤, 막내가 기침을 심하게 했다. 코로나 시대에 감기면 어린이집에 갈 수 없다. 누가 애들을 봐주지? 맘시터 이모님께 부탁드려서 집에서 돌봐주시기로 했다. 그런데 이번에는 둘째가 기침을 시작한다. 또 맘시터 이모님께 부탁드려서 도움을 받았다.

이번에는 내가 부대 업무 때문에 훈련 평가를 나가야 했다. 훈련은 밤새워 진행되는데 내가 없는 시간은 이모님이 거의 상주하다시피 하며 또 도와주셨다. 이모님 성함이 김혜영 님이셨는데 아마 이모님이 없었으면 아이들도 나도 정말 많이 힘들었을 것 같다.

이건 아닌 것 같았다. 부대 일을 하면서 아내가 올 때까지 버티자고 다짐했다. 하지만 아이들이 계속 다치고, 힘들어하고, 변화된 환경에 적응하지 못하고 있었다.

그런데 참 아이러니하다. 가슴은 가족이 제일 중요하다고 말한다. 그런데 머리와 몸은 부대가 제일 중요하다고 말한다. '육아휴직을 하면 내가 다시 군 생활을 할 수 있을까? 내 인생이 여기서 끝나는 것은 아닐까? 사람들이 나를 어떻게 생각할까?' 이런 생각이 꼬리에 꼬리를 물었다.

가슴이 답인데, 머리와 몸은 계속해서 가슴을 밀어내고 버티라고 말했다. 난 휴직하지 않고 일과 육아를 함께하기로 버티고 버텼다. 그런데 내가 그럴수록 아이들은 계속 다치거나 아팠다. 이번에는 막내가 침대 모서리에 얼굴 전면을 부딪쳐 시퍼렇게 멍이 들었다. 그리고 며칠 뒤 쌍둥이 아들들이 동시에 장염 진단을 받았다.

그래서 난 육아휴직을 하기로 했다. 아이의 안전이 더 시급했기 때문에.

04

울고 떼쓰고 반항하는 아이들

아이 세 명이 싸우는 소리가 들린다. 슬라임 장난감을 가져갔다거나 TV 리모컨을 가지고 싸운 것이 뻔하다. 별일도 아닌데 아이들 사이에서는 중요한 일이다. 하루에 열두 번도 더 싸우길 반복한다. 그러니 아이들의 목소리가 조금만 높아져도 나는 신경이 쓰인다.

누나는 선임자로서의 권위를 보이고 싶은지 한 치의 물러섬도 없다. 쌍둥이들은 용맹한 도전자가 되어 꼬박꼬박 말대답이다. 말싸움이 점점 거세진다. 항상 그렇듯 딸아이가 말로 방어전에 성공한다. 그러면 분을 이기지 못한 쌍둥이들이 누나를 때리고 도망간다. 쌍둥이는 열심히 도망갔으나 세 발자국도 못 가고 누나로부터 처절한 응징을 당한다. 나는 이제 개입해야만 한다. 쌍둥이는 누나를 혼내달라고 한다. 딸아이는 동생이 누나를 때리고 갔으니 버릇을 고쳐준 거라 말한다. 누구의 손을 들어줘야 할까? 이러지도 못하고 저러지도 못한다. 나는 형제끼리 싸우는 건 잘못이라고 세 아이 모두를 야단친다. 이 순간 이후로 나는 공공의 적이 되었다. 내가 말하면 모두 아빠가 잘못이라고 한다.

아이들과 함께 지내면서 내가 제일 신경 쓰이는 것이 식사다. 아이들이 수시로 배고프다고 한다. 그런데 내가 만들어줄 수 있는 것이 없다. 라면 하나 겨우 끓이는데 무슨 요리를 할까? 하루는 작심하고 미역국을 끓였다. 아이들이 한 숟가락을 먹더니 내 눈을 쳐다본다. 아이들의 눈동자가 무슨 말을 하는지 나는 바로 알아들었다.

'아빠, 날 사랑하는 거 맞아요? 날 사랑한다면서 어떻게 이런 음식을 먹으라고 주나요?'

분명 간을 맞추었는데 정체불명의 맛이다. 미역국 사건 이후로 아이들은 내가 요리하려고 하면 배달시켜달라고 한다.

그러나 배달 음식도 한계가 있다, 사진 보고, 리뷰 보고, 주문량 보고 괜찮아서 시켰는데 먹어보면 아닌 곳이 많다. 그러면 그 남은 음식은 전부 내 것이 된다. 나는 음식 버리기가 아까워 먹는다. 나는 배가 불러 움직이기가 힘든데 아이들은 배가 고프다고 또 난리다. 아이들이 내가 주는 밥을 잘 안 먹어서 계속 신경이 쓰였다.

학교와 어린이집에서 주기적으로 하는 영유아 건강검진이 필요하다고 했다. 그래서 건강검진을 했다. 검진 결과 아이들의 성장은 모두 상위 10%인데 체중만 또래의 하위 10%라고 했다. 세 아이 모두 2kg 이상 줄어들어 있었다. 내가 아이를 돌보면서부터 잘 먹지 못해 살이 빠지기 시작한 것이다. 미안한 마음이 들었다. 그래서 뭐라도 많이 먹으라고 억지로 먹이는데 아이들은 내가 만든 밥을 거부하고 우유만 찾는다.

좀 세게 밀어붙여본다. 그랬더니 울고불고 난리다. 아이는 결국 다 토했다. 결국 내가 물러섰다. 한 끼 안 먹는다고 죽는 것은 아니니까. 아이들은 배달 음식도 싫다고 했다. 그러면서 내게 이렇게 물어본다. "아빠, 엄마 언제 와?" 나는 그냥 윗입술만 깨물었다.

사람이 먹는 것만큼 중요한 것이 없다고 한다. 더군다나 '어린 시절에 잘 먹은 것은 평생 건강의 지름길'이라고 한다. 아빠의 음식을 거부하고 우유만 찾는 아이에게 다가서기가 쉽지 않았다. 예전에 아내가 '오늘은 뭘 먹나?' 하고 혼잣말을 했다. 굳이 대답하지 않아도 되는 말이었는데 괜히 '뭘 그런 걸 고민하고 있나?'라며 핀잔주었던 것이 생각났다. 미안했다. 아내의 고민 덕분에 아이들이 이렇게 잘 클 수 있었던 거였는데….

저녁마다 아이들 목욕을 시킨다. 이때는 전쟁터와 비슷하다. 세 아이를 동시에 씻길 수는 없는 탓에 한 명씩 돌아가며 목욕을 시킨다. 세 명을 씻기려면 빨리해야 한다. 내 방식대로 목욕을 속전속결로 진행한다. 양치질하고, 몸에 비누칠하여 씻긴다. 이후에 머리를 비누칠하여 감기고 얼굴을 씻기면 끝이다. 한 아이당 3~4분 정도 걸리는 것 같다. 그렇게 해도 목욕만 대략 10분이 넘는다. 나는 나대로 씻긴다고 정신이 없는데, 씻은 아이는 목욕 후의 개운함, 씻겨준 것에 감사함은 없이 이렇게 목욕하고 싶지 않았다며 계속 울음을 터뜨린다.

어차피 하기 싫은 것을 하면 울게 되어 있다. 그렇게 무시하고 목욕을 시킨다. 아이들 목욕을 시키고 나도 씻고 나왔는데 아이들이 옷도 안 입고 세 명이 앉아서 아직도 울고 있다. '아빠 나빠.' 하며 아빠랑 절대로 같이 안 씻을 거라고 한다. 계속 "엄마, 엄마" 하면서 울어 댔다. 어떻게 달래서 넘어갔다. 다음 날도, 다음 날도 목욕만 하고 나면 계속 이런 모습이다 보니 나도 점점 짜증이 났다. 나는 "그러면 너희가 알아서 씻든지, 나도 힘들어!" 하고 소리치고 안방으로 들어가버렸다. 아이들의 울음소리가 계속 들리니 미칠 것 같았다. 내 안에 뭔가가 꿈틀꿈틀하는 것 같기도 하고 지금 내 모습이 너무 싫고, 모든 것이 짜증이 났다.

나도 힘들지만 최선을 다하고 있다. 그런데 아이들은 왜 내가 하면 다 싫다고 하는지 답답했다. 답답함이 쌓이고 어딘가에 풀 데는 없고…. 가끔 주부 우울증을 뉴스에서 본 것 같은데 이래서 생기나 싶었다.

거실로 나와서 다시 아이들을 달래고 "소리쳐서 미안해." 하는데 언제까지 이렇게 해야 하나 싶어 나도 울컥했다. 목욕 끝나고 네 명이 거실에서 울고 있는데 다른 사람이 보면 누가 돌아가신 줄 알았을 것 같다.

밤에 아내와 통화를 했다. 괜히 신경 쓸까 봐 얘기를 안 하려다가 목욕 이야기를 했다. 아내가 말했다. 딸아이는 물을 맞는 것을 좋아한다고 한다. 그래서 샤워할 때 물을 맞으면서 양치하게 하면 좋아한다고 한다. 둘째는 물을 무서워한다고 했다. 머리를 감길 때는 반드시 "머리 뒤로."라고 말해서 뒤에서 머리를 감겨줘야 한다고 한다. 막내는 머리를 숙이고 감는데 눈과 코에 물 흐르는 느낌을 싫어해서 손으로 감싸줘야 한다고 했다.

막내가 다섯 살이나 되었는데 그동안 도대체 나는 뭐 하고 살았을까? '이런 것도 모르면서 네가 아빠냐?' 속에서 나를 질책하는 소리가 너무 크게 들렸다. 애들이 불편해서 그랬구나, 아이들은 생김새가 다른 것처럼 행동도 다르고, 좋아하는 것도 다르다. 생긴 것이 똑같은 쌍둥이도 행동은 다르다. 그런데 나는 그냥 기계 다루듯 투박한 손으로 아이를 만졌으니 얼마나 불편했을까?

딸아이는 머리를 묶고 다니길 싫어한다. 점점 더워져 땀이 흐르면 아이의 머리카락이 마치 물에 젖은 미역처럼 얼굴에 붙는다. 그래서 나는 딸아이에게 깔끔하게 묶고 다니자고 얘기했다. 여러 번 이야기해도 듣지 않아서 하루는 내가 묶어줬다. 차로 등교를 시켜줬더니 차에서 내리자마자 묶었던 머리를 풀었다. 불러도 못 들은 체하며 교문으로 들어갔다. 나는 다음 날에는 머리를 양 갈래로 묶어서 보냈다. 그랬더니 또 학교 앞에서 풀어버렸다. 계속되는 이야기에도 불구하고 머리를 묶고 다니지 않자 나는 화가 났다. 그래서 한 번만 더 그러면 머리를 자르겠다고 엄포를 놓았다. 이 정도까지 말을 했으니 듣겠지 했다. 그러나 아이는 내 말을 듣지 않고 보란 듯이 머리를 풀어버렸다. 저녁에 나는 아이의 머리끝을 조금 잘라버렸다. 상처가 될지 알았지만 여기서 밀리면 안 된다는 생각이 들었다.

도대체 수십 번을 얘기했는데 왜 말을 듣지 않는 것일까? 땀에 머리카락이 양 볼에 붙어 마치 미역을 붙인 것처럼 하고 돌아다니는 이유가 궁금했다. 남들 보기에도 싫고 아이 스스로 덥다고 힘들다고 하면서도 말이다.

자른 머리를 수습해보려고 했지만, 수습이 안 된다. 빨리 미용실에 데려가서 정리해야 할 것 같았다. 그런데 그날따라 밖에 비가 엄청나게 내렸다. 비를 뚫고 미용실을 가는데 '사춘기가 온 건가? 내가 문제인가? 뭐가 문제지?' 오만 가지 생각이 들었다.

미용사님이 아이의 잘린 머리를 보더니, 눈치를 챈 듯했다. 미용사님이 아이의 머리카락을 만지면서 딸에게 물어본다. “머리를 단발로 자르면 더 더울 것 같아. 묶는 것이 좋을 것 같은데 왜 자르려고 하니?” 대답이 없다. “머릿결이 좋아서 조금만 정리하고 예쁘게 기르면 나중에는 연예인들처럼 예쁠 것 같은데.” 그제야 표정이 바뀐다. “요즘 TV나 유튜브, 틱톡을 보면 연예인들이 더워도 머리 풀고 다녀요.” 딸과 미용사님은 서로 주거니 받거니 하며 머리를 정리한다. 나는 두 사람의 대화 속에 끼지 못하고 외톨이가 되었다. 미용실 원장님은 “머리가 얼굴에 붙으면 머릿결이 상하니까 빗을 들고 다니면서 자주 정리하렴. 아니면 머리띠를 하는 것도 좋을 것 같아.”라고 조언해주셨다. 딸은 나와 대화를 할 때와 전혀 다른 모습이다.

아이가 어느덧 커서 이제 외모에 신경을 쓴다. 자기만의 미의 기준이 생긴 것이다. 자기가 보기에 연예인들이 머리를 풀고 다니니 그 모습이 너무 예뻐 보였나 보다. 비슷하게 자신도 해보고 싶었는데 아빠는 무조건 깔끔하게 하라고 지적만 한다. 그러니 딸아이는 아빠 말이 싫었다. 나는 나의 기준으로 아이는 아이의 기준으로 서로 자기 말만 하고 있었다.

갓난아이의 울음은 의사 표현이다. 배가 고프거나 기저귀가 불편할 때 어른들에게 도움을 요청하는 것이다. 아이들이 성장해서 말을 하고 조금씩 자신의 의사 표현을 하다 보니 나도 모르게 한 가지 착각에 빠졌다. 아이가 ‘알아서 배우고, 자기 생각을 명확하게 표현할 것’이라는 착각 말이다. 아이들이 울고불고 떼쓰고 고집을 부릴 때는 뭔가 불편하다는 이야기다. 그런데 나는 불편함을 살피려 하지 않고 그 순간 우는 것만, 떼쓰는 것만 못 하게 했다. 아이에게 울음 대신 떼를 쓰는 것 대신에 불편함을 드러내는 것을 가르쳐야 했다. 저항이 크다고 강하게 통제하려 하면 아이에게는 큰 생채기를 남긴다. 나 역시 아프고.

05

부대 업무가 육아보다 훨씬 쉬웠어요

대전에 근무할 때 같은 사무실에 세 아이의 엄마이면서 군 생활을 병행하는 A라는 후배가 있었다. 그 후배는 부부 군인으로 남편은 경기도에서 근무했다. 부부가 함께 생활할 수는 없고 친정 부모님이 가까이 계시다 보니 결국 후배가 세 아이 육아를 전담하면서 군 생활을 병행할 수밖에 없었다. 어느 날 내가 후배에게 "집에서 아이 육아하랴, 부대 와서 일하랴, 정말 힘들겠다. 힘내."라고 격려의 말을 했다.

그랬더니 후배가 "선배님, 저 부대에서는 쉬는 겁니다."라고 말했다. 그때 나는 '부대에서 하는 일이 쉬는 일'이란 말이 조금은 거슬렸다.

여군 중에는 남군보다 월등하게 일을 잘하는 사람이 많다. 그런데 당시에 나는 내가 아는 다른 B라는 여군 후배 때문에 약간 불편함이 있었다. B라는 여군 후배는 육아를 이유로 탄력근무제를 사용해 10시 30분에 출근했다. 그리고 옷을 갈아입는다며 여군 휴게실에 가서는 11시나 되면 사무실에 나타났다. 앉아서 업무 메일을 몇 개 확인하다가 커피 한잔 마신다. 그러면 점심을 먹으러 간다. 점심 식사 후에는 쉬다가 13시나 되면 그제야 일을 시작했다. 자신의 업무를 알아서 깔끔하게 잘하면 전혀 문제가 없다. 문제는 그렇지 못하다 보니 주변 사람들이 계속 그 여군의 일을 대신 하거나 도와줘야 했다. 평소에 열심히 하는데 안 돼서 도와주는 것과 업무가 계속 지연되어 다른 부서에도 피해를 주니 어쩔 수 없이 도와주는 것은 완전히 다르다. B라는 후배는 자신의 업무를 다른 사람이 도와주는 것을 당연한 것으로 여기는 것 같아 나는 좀 불편했다.

A라는 후배는 아이 세 명을 육아하면서도 주어진 일을 깔끔하게 하던 멋진 여군이었다. 그런데 '쉬는 겁니다.'라는 말이 '이 후배도 내가 알던 B라는 여군이랑 비슷한 생각인가?'라는 생각에 탐탁지 않았다. 나중에 알게 된 것이 그 말은 '부대에서 하는 일은 (육아에 비하면) 쉬는 일입니다.'라는 것이었다. 내가 오해했다.

일반 회사들과 마찬가지로 부대도 연초에 부대 운영계획을 세운다. 이때 주요 훈련이나 평가 일정 등이 정리가 된다. 연간계획이 완성되면 분기 단위로 계획을 구체화한다. 다음에는 월 단위, 주 단위, 일 단위 순으로 보완된다. 이처럼 군대 업무는 체계적인 시스템대로 움직인다.

물론 훈련이나 현장 확인 등으로 하루하루가 힘들고 버거울 때도 있다. 하지만 일은 결국 끝이 난다. 하나의 훈련을 마무리하고 나면 묘한 성취감이 있다. 또 새로운 일을 시작하는 동력도 생긴다. 이런 동력이 쌓이고 쌓이면 부대 일이 즐겁다. 일이 즐거우니 더 하고 싶어진다. 나중에는 자연스럽게 연간계획에 따라 보고서 다음 해야 할 일을 미리 준비해 두게 된다. 나는 이런 추진 로드맵을 즐겼다.

사실 육아도 군대와 같은 시스템이 있다. 육아에서 큰 비중을 차지하는 것이 아이들 학교와 어린이집의 교육 프로그램이다. 이 교육계획의 큰 흐름만 잘 알아도 육아는 훨씬 수월하게 할 수 있다. 연초에 학교별로 주요 행사와 방학 기간이 정해진다. 이후 학기별로 학년에 따른 수업계획이 구체화 된다. 월별, 주별 계획도 다 짜여져 있다. 특히 주별 계획은 친절하게도 학교에서 출력해서 아이 편으로 보내준다. 일일 계획은 오후면 클래스팅으로 알림이 와서 확인만 잘해도 아이들 준비물이나 학습 과정을 알 수가 있다.

그런데 문제는 내가 육아 초보라 아는 게 너무 없었다는 것이다. 그냥 학교와 유치원에 아이를 데려다만 주면 다 되는 줄 알았다. 숙제가 있는 줄도, 준비물이 있는 줄도 몰랐다. 지금 생각해도 부끄럽다.

하루는 학교 돌봄 선생님의 전화가 왔다. 전화하신 이유는 돌봄교실에서 먹는 간식을 좀 챙겨달라는 것이었다. 다른 아이는 모두 챙겨오는데 딸아이만 항상 없어 배고파한다고 했다. 공지 사항, 클래스팅으로 여러 번 보냈는데 나만 몰랐다.

쌍둥이 담임 선생님께도 전화가 왔다. 아이들 야외 학습이 있는데 아직 동의서가 오지 않았다고 했다. 그리고 오늘 생일잔치인데 쌍둥이만 친구 선물을 안 가져왔다고 했다. 이런 전화를 초기에 계속 받았다. 나는 정신적으로 혼란이 왔다. 뭔가 열심히 하는 것 같은데 끝나지 않고 마치 블랙홀에 빠진 듯한 느낌이었다.

군대에서 업무를 처리할 때 우선순위를 고려해서 하나씩 처리한다. 우선순위를 선정할 때는 일의 중요도와 시급함을 따진다. 항상 중요한 것만 하는 것은 아니다. 상황에 따라서 시급한 것을 먼저 하기도 한다. 우선순위를 결정하는 데 최고의 선택은 현재 상황을 정확히 이해하는 것이다. 나는 뭔가를 부지런히 하고는 있는데 매일 뒷북만 치고 있었다. '이러면 안 되겠다.' 싶어서 육아할 때도 우선순위를 고려해서 처리해보기로 했다.

아이들이 없는 시간에 집안일 정리는 우선순위를 적용해서 하는 것이 가능했다. 어차피 내가 하니까 전혀 제한 사항이 없었다. 그런데 아이들이 집에 있으면 우선순위를 지킬 수가 없었다. 수시로 상황이 바뀌는 탓에 우선순위는 말 그대로 행정일 뿐이다.

어린이집에서 아이들이 낮잠을 자지 않았다. 그래서 집에 오면 피곤해했다. 빨리 밥을 먹이고 씻겨야 졸리면 바로 재울 수 있다. 그런데 밥을 하는 사이에 아이가 잠들어 버렸다. 저녁도 안 먹고 씻기지도 않았는데 말이다. 아이를 깨울까 말까 고민한다. 새벽에 배고프다고 깨서 칭얼대면 답이 없다. 그래서 자는 아이를 억지로 깨운다. 그러면 울고 떼쓰고 아수라장이 된다. 겨우 진정시키고 밥을 먹이고 목욕을 끝낸다. 그러면 잠이 깨서 늦게까지 잠들지 않는다. 딸아이는 집에 와서 오늘 학교에서 있었던 일을 재잘재잘 말한다. 나는 무슨 말인지 한 귀로 듣고 한 귀로 흘렸다. 아이가 나에게 뭔가를 물었는데 대답을 못 하자 토라져서 가버렸다. 쫓아가서 나는 이제야 숙제를 물어본다. 리딩 게이트, 수학탐험대, 독서기록장을 해야 한다고 한다. 독서기록장은 반드시 위인전을 작성해야 한다는데 어떻게 해줘야 하는지를 모르겠다. 이 타이밍에 또 쌍둥이들이 싸우고 소리를 지른다. 이런 상황이 되면 그냥 아무것도 하기가 싫다. 나 혼자만 있는 곳에 가고 싶다는 생각이 간절해진다.

저녁만 그런 것이 아니다. 아이들이 집에 있는 동안에는 수시로 이런 일이 일어난다. 하루는 아침부터 우는 아이를 달래려다가 내가 소리를 쳤다. 아이의 울음은 더 커졌고 나는 지쳐서 '내가 뭐 하는 거지?' 하며 멍하니 식탁 의자에 앉아 있었다. 내가 아침에 차 태워준다고 했더니 딸이 그냥 혼자 가겠다고 했다. 그러면서 "아빠는 동생 잘 챙기고 아빠도 좀 챙기라."라고 말하면서 등교를 했다. 내가 경험한 세 아이 육아는 정말 쉽지 않았다. 너무 변화가 무쌍하다. 일정한 패턴도 없고 공식도 없다. 아내는 도대체 어떻게 한 거지?

부대의 일은 절대 나 혼자 하는 게 아니다. 기능별로 임무를 나누고 개인은 자신에게 주어진 것만 하면 되었다. 예를 들어 개인화기 사격을 한다고 가정하자. 사격을 전체 통제하는 인원이 있고, 탄약 분배, 인원 통제, 사격술 통제, 사선 통제 등 각 개인에게 임무를 부여하여 시행한다. 각 개인은 부여받은 임무만 성실하게 하면 사격은 원활하게 마무리된다. 이처럼 군에서 일은 혼자만 하는 일이 거의 없다. 항상 함께하는 일들이다. 그런데 나의 육아는 함께하는 것이 아니라 내가 다 해야 했다. 하루의 육아 사이클을 한번 적어봤다. 아침 7시, 눈을 뜬다. 애들 깨워서 씻긴다. 아침을 간단히 먹인다. 학교와 어린이집 등원, 이불 정리 및 각 방 청소, 세탁기 돌리기, 아침 설거지, 쓰레기 버리기까지가 오전의 일과다. 내 밥도 내가 차려야 한다. 귀찮아서 그냥 굶는다. 앉아서 겨우 커피 한 잔 마신다. 다행히 낮에 1~2시간은 잠시 여유가 있다. 그러다 저녁 먹거리를 위해 마트나 인터넷 쇼핑을 시작한다. 딸의 복귀시간을 고려해 간식 준비한다. 미리 아이들 저녁 반찬 준비하면 5시다. 쌍둥이를 데리러 어린이집에 간다. 집에 데려와서 씻기고, 저녁 먹이고, 설거지하고, 주방

뒷정리하고, 딸아이 숙제를 봐주면 그냥 밤 10시다. 아이들 침대에 데리고 가서 재운다. 다시 거실로 나와 아이들 장난감 치우고, 이것저것 뒷정리하면 어느덧 밤 11시다. 이 일을 다른 사람이 아닌 내가 다 해야 한다. 이 집안일은 나의 손이 닿지 않는 한 절대로 줄어들지 않는다. 내가 멈추면 집안일은 차곡차곡 적립식 적금처럼 쌓여갔다. 집안일은 절대 나를 기다려주지 않았다.

하루는 아이들 등원시키고 아파트 현관문을 열려고 하는데 갑자기 이런 생각이 들었다. '이 문을 열면 분명 우리 집인데 여기는 쉬는 곳이 아니다. 여기는 일하는 곳이다.' 들어가려니 왜 이렇게 들어가기가 싫은지 문 앞에서 잠시 서 있었다.

아내의 마음이 이랬던 걸까? 예전에 아내가 내게 '집에 있으니 답답하고, 울컥한다.'라고 했다. 난 그때 "나는 밖에서도 일하고 집에 와서도 안 쉬고 좀 도와주잖아."라고 말했다. 아내는 더는 내게 아무 말을 하지 않았다. 아내는 '너는 집에만 있고 남편인 내가 일부 도와주니까 더는 이상한 소리 하지 마라'는 의미로 받아들였던 것 같다.

그냥 "애들은 내가 볼 테니, 하루 이틀 바람이라도 좀 쐬고 와."라고 말이라도 좋게 해줄 것을…. 현관문 앞에 서서 들어가지 못한 채로 참 많은 생각을 했다. '나 참 못났다.'

군대에서 가장 힘든 훈련을 손꼽으라면 아마 유격훈련과 화생방 훈련을 선택할 것 같다. 유격훈련은 육체적으로 힘들고 화생방 훈련은 호흡하기 힘들어 답답함을 최고조로 느낄 수 있는 훈련이다. 육아는 유격훈련과 화생방 훈련을 함께 받은 것과 비슷한 것 같다. 우선순위에 의해서 일들이 처리되지 않고 도와주는 분이 있지 않은 한은 오롯이 부모가 감당해야 한다. 피하고 싶다고 피할 수 있는 것도 아니다. 끝이 명확한 것도 아니다.

직장생활을 오래 하고 집에 있는 시간이 적은 남편들이 하는 오해가 있다. 바로 '육아는 쉽다.'라는 생각이다. 나는 혼자만 하는 육아를 해본 사람으로서 감히 말한다. 절대 아내에게 "집에서 애 보는 게 뭐가 힘드니?"라는 말은 해서는 안 된다. 아마 세상 모든 일이 육아보다 훨씬 쉬울 것이다.

06

당신은 아이에게 반가운 아빠인가?

육아휴직 후 본격적으로 아이들을 돌보기 시작했다. 얼마 전, 쌍둥이 아들들이 장염으로 매우 아팠다. 그래서 나는 아이들이 먹는 물도 보리차를 끓여 먹이며 유난을 떨었다. 집은 대청소를 했다. 옷방의 옷을 계절별로 분류하고 아이들 옷 중에 작아진 옷은 재활용 수거함에 넣었다. 딸아이 방에 있는 책들도 종류별로 깔끔하게 정리했다. 이불도 전부 세탁했다. 이제 어느 정도 정리가 된 것 같다고 느낀 순간, 내 몸이 아프기 시작했다. 몸살이 왔다. 나도 그동안 일하면서 쌓인 피로가 많았다. 아이들이 아픈데 나까지 아프면 큰일이라 그동안 이를 악물고 버텼다. 오른쪽 어깨와 허리, 목덜미, 왼쪽 골반이 움직이지 못할 만큼 아팠다. 아이들이

다가와서 툭 건들기만 해도 아파서 앓는 소리가 날 정도였다. 아이들이 다가오는 모습이라도 보이면 나는 "오지 마. 아빠 만지지 마." 하고 소리쳤다. 나와 아이들 사이에 거리를 둔 것이다. 그리고 그 핑계 속에 아이와 나 사이에 마음의 거리도 두었다.

내가 육아를 너무 몰랐다. 아이에게 '좋은 것을 사주는 것이 최고'라고 생각했다. 내가 어릴 때, 아버지로부터 받지 못한 사랑을 아이에게는 가르쳐주고 싶었다. 평일에는 내가 없다. 주말이나 그것이 여의치 않을 때는 한 달에 한 번 아이들을 만날 수 있었다. 그러다 보니 아이들의 기억 속에 아빠와 함께하는 시간은 '최고의 시간'으로 만들어주고 싶었다.

아이의 행동이 마음에 들지 않는 것이 있어도 그냥 넘어갔다. 야단치면서 울리고 싶지 않았기 때문이다. 아이와 기 싸움도 하고 싶지 않았다. 그냥 편하게 즐기고만 싶었다. 그래서 나는 아이들이 원하는 장난감이나 음식들은 대부분 사주었다. 장난감이 아이의 수준을 초과하는 프라하 모델 아니고서는 원하면 무턱대고 사주었다.

당연히 아이들은 아빠를 좋아했다. 전화 통화로 "아빠 보고 싶다. 언제와? 뿌잉뿌잉." 하면서 연신 애교를 발사하는 통에 짧은 통화는 항상 20여 분이 지나서야 끝이 났다.

그런데 아이들은 나를 기다리는 것이 아니라는 것을 비로소 알게 되었다. 아이들이 원했던 것은 '아빠'란 사람이 아니라 자신이 원하는 물건을 조건 없이 사주는 사람이었던 것이다. 엄마의 '안 돼'를 물리칠 수 있는 사람, 자신들이 조금만 더 떼를 쓰거나 애교를 부리면 못 이기는 척 자기 편이 되어주는 사람, 아이들은 그런 사람이 필요한 것이었다. 그게 나였던 것이고.

주말에만 보다가 매일 같이 지내다 보니 아이들도 처음에는 좋았나 보다. 이것저것 요구하면 아빠가 일부는 사주었으니 말이다. 그런데 매일 무언가를 사줄 수는 없다. 어제 장난감을 하나 샀다. 그런데 아이는 오늘도 새로운 장난감을 요구했다. 필요한 것이면 당연히 사야 한다. 하지만 아이도 무엇인지 모르는데 일단 사달라고 하면 사줄 수가 없다. 변신 로봇을 시작으로 스티커 북, 비타민 장난감, 흔한 남매 만화책 등 아이들은 종류도 다양하게 요구했다. 점점 나의 거절이 늘어났다. 그러자 아이들은 아빠가 변했다고 얘기하기 시작했다. 내가 변했다고? 도대체 뭐가 변한 거지?' 아이들의 생각에는 말하면 100% 다 사주던 아빠가 아무리 말해도 이제는 들어주지 않으니 변했다고 느낀 것이다. 참 씁쓸했다. 하지만 어쩌겠는가? 다 내가 그렇게 만든 것인데….

아이들의 기억 속에 아빠는 공부하라고 시키는 사람이 절대 아니었다. 나는 평일에는 미친 듯이 일하고 주말에는 무조건 쉬어야 한다 생각했다. 공교롭게도 아이들을 만나는 날은 대부분 주말이었다. 그러니 주말인데 무슨 공부냐며 엄마가 내어준 숙제도 내가 나서서 못 하게 했다. 아내는 '주말에는 밥 안 먹냐? 빨리하면 30분도 안 걸린다.'며 버텼다. 나는 시간이 얼마 안 걸리는 거니까 나중에 하라며 항상 딸의 편을 들어줬다. 딸아이는 엄마 몰래 내게 엄지손가락을 살짝 치켜들고 눈 윙크를 하고 사라졌다. 이런 나의 행동이 딸에게 잘해주는 것으로 생각했다.

휴직 후 아이와 함께하는 시간이 늘었다. 아내가 없으니 내가 아내의 역할을 해야 했다. 초등학교 저학년의 공부는 부모들이 확인할 것이 참 많았다. 숙제를 제대로 해주려면 부모들의 섬세한 손길이 요구되는 것이 참 많았다. 내가 어릴 때 했던 공부와는 너무 달랐다. 자르고, 접고, 붙이고, 느낀 점을 쓰고…. 아이의 숙제인지 학부모의 숙제인지 챙길 것이 너무 많아 짜증이 몰려왔다. 아이도 모르고 나도 모르고 초기에 아이의 숙제를 함께하다가 밤 10시를 넘긴 적도 여러 번 있었다. 그런데 완성도 못했다. 엄마들의 고충이 무엇인지 조금 이해가 되었다.

해야 할 일이 많은데 자꾸 아이들의 말이 거슬렸다. 특히 딸아이는 목소리가 너무 컸다. 목소리 톤이 원래 높은 것도 있지만 말소리가 너무 커서 귀에 울렸다. 또 말이 너무 많았다. 예전에는 재잘재잘 대며 예쁘게만 보였는데, 지금은 하지 않아도 될 말인데 생각 없이 그냥 말하는 것 같았다. 아이들의 소리에 가만히 있는데도 뇌가 흔들리는 것 같았다.

내가 조용히 하라고 한마디하면 아이들은 뭔가 구시렁구시렁거린다. "힝, 아빠는 나만 미워해. 아빠나 조용히 좀 하지." 혼잣말도 안 들리게 하면 좋겠는데 다 들리게 이야기하고 나무라면 혼잣말이었다고 발뺌하니 이런 모습이 무척이나 싫었다.

둘째 아이는 겁이 많아서 뭐든지 뒤로 숨기 바빴다. 그런데 고집이 세서 협상이란 없었다. 무조건 자신의 주장대로 끝까지 밀어붙였다. 그게 받아들여지지 않으면 투정이 너무 심해 꼭 분위기가 험악해져야만 상황이 종료되는 경우가 많아 답답했다. 막내도 아이라서 한창 개구쟁이 짓을 하는 것은 이해하는데 일부러 컵을 떨어지게 하든지, 중요한 서류나 책을 찢는 등 장난이 너무 심했다.

이런 아이들의 안 좋은 모습이 계속 보이자 나는 점점 신경이 거슬렸다. 계속 이런 상황이 반복되자 나도 모르는 나의 마음 때문에 점점 지쳐갔다. 그러다 보니 나는 계속 무언가에 화가 나 있었다. 겉으로 표현은 하지 않았지만, 누구든 나를 건드리면 금방이라도 터질 준비를 마친 활화산과 같이 나는 화가 나 있었다. 그러니 아이들에게 좋은 아빠가 되고 싶은 마음이 없었다. 자꾸 아이들을 밀어냈다.

우연히 책을 보는데 장성오 작가의 『화내는 엄마, 눈치 보는 아이』라는 책에 어른의 마음속에 화가 나는 원인을 2가지로 설명하고 있었다. 하나는 "자신의 감정을 잘 모르기 때문에 남 탓을 하니까 화가 난다."라고 적혀 있었다.

나는 육아휴직을 원하지 않았는데 당시 상황에서는 할 수밖에 없다고 생각했다. 내가 결정한 것인데 나는 주변 환경을 탓하고 있었다. 휴직이 내가 생각하는 신념이나 기준에서 뭔가 많이 벗어났다고 생각하기 때문에 나는 이 상황을 즐기지 못하고 있었다. 그러니 그냥 원인 모르게 화가 나고 아이들을 보는 것이 마냥 즐겁지는 않았다.

또 "자신이 싫어하는 자신의 모습과 너무나 닮은 아이의 모습을 보일 때 가슴 속에 화가 난다."라고 했다. 곰곰이 생각해보니 그 말이 맞는 것 같았다.

꽃도 적절한 거리를 두고 바라보면 아름답다. 꽃잎도, 주변의 꽃들도 그리고 산들산들 바람에 흔들리는 그 모습도 모두 아름답다. 그러나 너무 가까이에서 꽃을 들여다보면 꽃잎도 안 보이고 아무것도 보이지 않는다. 주말에만 보던 아이들과 매일 함께 지내면서 너무 가까운 데서만 바라보니 아이들의 단점이 계속 보였다. 그것도 내가 싫어하는 나의 모습과 닮은 모습들이 말이다. 그러다 보니 나도 모르게 아이들이 싫고 미웠다.

아이들은 아빠가 변했다고 느끼고 나는 환경을 탓하고 아이들의 단점을 바라보고, 아이들을 밀어내고 그러니 결코 서로 반가운 존재가 될 수 없었다.

아이들이 원하는 대로 물건을 다 사주고, 실컷 놀게 해주는 것이 최고의 아빠가 아니다. 지금 아이들의 기준으로 아빠는 0점이다. 하지만 그 기준은 분명 바뀔 것이다. 아빠의 기준으로도 지금의 나의 아이들은 마냥 사랑스럽고 무조건 100점의 아이들이 아니다. 하지만 나의 기준도 분명 바뀔 것이다.

먼 훗날 아이들이 생각하는 아빠의 모습이 진짜 아빠의 모습이다. 먼 훗날 아빠가 생각하는 올바르게 성장한 아이들의 모습이 진짜 아이들의 모습이다. 지금 우리는 서로 오해하고 반갑게 여기지 않지만 한 걸음씩 함께 성장하는 중이다. 먼 훗날의 아빠와 아이들의 모습을 위해서 말이다. 난 그렇게 생각하기로 했다.

07

육아에 관심이 있다는 것은 아이를 포기했다는 말이다

용사들의 부모님과 전화 통화를 하면 정말 많은 정보를 얻을 수 있다. 가끔은 이런 분들도 있다. 자신은 '군대에 관심이 많다, 아이에 관해 관심이 많다, 자신은 많이 알고 있다'는 식으로 이야기하시는 분이 가끔 있다. 나는 이런 말을 들으면 그냥 반대로 해석한다. '아, 군대에 대해서 잘 모르시는구나, ㅇㅇ에 대해 무관심하시구나.' 하고 말이다. 그러면 신기하게도 거의 맞다.

아이에 대해서 관심이 많다고 하시는 분은 이런 식으로 말한다. '우리 아이는 공부를 잘해서 반에서 항상 10등 안에 들었다, 14세 때 캐나다에서 2년 동안 살다가 왔다. 그래서 영어도 잘한다. 그래서 주변에서 엄친

아로 소문났었다. 애가 잘하는데 내 말을 잘 안 들었다. 친구도 잘못 만났다. 그래서 겨우 서울에 있는 대학에 갔다. 군대에서 아들을 사람 만들어 전역시켜 달라.' 반면 군대와 아이를 잘 모른다고 하시는 분들은 이렇게 말한다. "애가 공부는 남들만큼은 했는데 아는 것은 많이 없습니다. 수학을 많이 싫어했고, 특히 함수 계산하는 것을 많이 싫어했습니다. 포사격할 때 계산을 한다고 들었는데 그때 좀 힘들지 않을까 걱정이네요. 혹시 아직도 MG50 기관총을 사용하는지 모르겠네요. 아이가 체력이 약해서 들고 다니기가 힘들 것 같아서요."

진짜 고수는 설명이 길지 않다. 그리고 핵심만 집어서 이야기한다. 아들의 군 생활에서 공용화기 사격을 할 때 계산 하는 게 있다는 것을 아는 것만으로도 이런 분은 훨씬 아들과 군에 대해 정성을 많이 들이는 분이다.

파주에서 근무할 때였다. 딸아이가 자주 만나는 남자 친구가 있었다. 그래서 엄마들끼리도 자연스럽게 어울리게 되었다. 휴무 날, 아내와 데이트를 하던 중에 카페에서 그 친구 아이의 엄마를 나도 만나게 되었다. 같이 앉아 이런저런 이야기를 했다. 어느 순간부터 친구 엄마의 일방적인 자랑이 시작되었다. 자신은 육아에 관심이 많다며 계속 자랑을 해서 도대체 얼마나 아시는 분인가 궁금했다. 유아교육을 전공하신 것인가? 박사이신가? 나는 계속 들었다.

나중에는 '이렇게 해야 한다. 저렇게 해야 한다'며 자랑에서 훈계로 바뀌었다. 듣고 있으니 민망했다. 내가 민망함을 이야기했다. 그런데도 이분은 아랑곳하지 않고 열변을 토하며 계속 이야기했다. 그래서 내가 한 가지 질문을 했다. "육아에 대해서 정말 관심이 많으신 것 같은데 특히 어느 분야 쪽에 더 관심이 있으신가요?" 나의 질문을 잘 이해 못 하는 것 같았다. 그래서 다시 질문했다. "아동심리, 아이의 성장발달, 부모교육 같은 거 있잖아요. 어느 쪽에 더 관심이 있으신 건가요?" 친구 엄마는 머뭇거리더니 '여행하는 거에 관심이 많다.'라고 했다. 육아와 여행? 아이를 위한 여행 분야인가?

여행도 분명 육아하는 데 필요한 요소는 맞다. 그런데 자신이 육아에 대해 관심이 많고 잘 안다고 장황하게 설명하면서 질문도 이해 못 한다. 그리고 정작 여행지에 관심이 있다고 답한다는 건 좀 의외였다. 내가 괜찮은 여행지를 물어봤다. 그랬더니 아직은 가보지 않아서 잘 모르겠다며 정확하게 알려주지도 않았다. 정말 이 엄마의 태도에 나는 황당했다.

사실 딸아이의 친구는 주변의 친구들을 자주 때려서 문제가 된 아이였다. 내 딸도 몇 번 맞고 왔다. 아이가 맞고 오면 나는 기분이 좋지 않았지만 '어리니까 그럴 수 있다.' 하고 항상 넘어갔다. 하지만 그 아이와 함께 있다고 하면 은근히 신경이 쓰였다. 아마 아이의 친구 엄마에게는 여행지보다는 아이의 심리를 조금 더 공부하는 게 좋지 않았을까?

많은 사람이 '육아에 관심이 있다'는 의미를 제대로 알지 못하니 많은 착각을 일으킨다.

그러다 보니 흔히 자신이 조금만 알면 마치 다 아는 것처럼 여긴다. 그러면서 자신만이 완벽하다고 점점 착각하기 시작한다. 한 사람은 절대 완벽할 수 없다. 다른 사람의 도움을 주고받아야 한다. 남편이나 가족, 아니면 믿을 수 있는 사람과 교류하며 도움을 주고받아야 한다. 그런데 사회 분위기는 다른 사람이 나의 자식에 대해서 조언해주는 것을 극도로 꺼린다. '아이가 공원에서 꽃잎을 꺾고 있어도, 이를 제지하기 어렵다, 길을 가다가 아이가 넘어져도, 대신 일으켜주기가 어렵다.' 오직 내 아이는 나만의 방식으로만 키워야 한다고 생각하다 보니 자칫 도와주면 '참견쟁이'로 오해받는다. 아마도 이런 사회 분위기가 자신만이 완벽하고 자신만이 잘 알고 있다고 착각하게 만드는 것은 아닐까?

부모가 육아에 관심이 있다는 것은 정말 하나도 중요하지 않다. 부모가 자신이 육아에 관심이 있다고 생각하는 순간부터 주변에서 자신을 칭찬해주는 그 소리만 들린다. 내 아이의 상태는 보이지 않는다. 정말로 중요한 것은 아이가 '스스로 사랑받는 존재'라고 느끼고 있는지를 살피는 것이다. 부모가 육아에 전혀 관심이 없는 사람일지라도 아이가 많은 사랑과 관심을 받고 있다고 느끼면 그것은 육아에 성공한 것이다.

나도 나의 잘못된 관심이 아이에게 상처를 준 적이 있다. 파주에서 딸아이가 아파트 단지 내 어린이집을 다닐 때였다. 어린이집 담임 선생이 딸아이를 학대했다. 딸의 행동이 늦으면 담임 선생은 아이를 화장실로 억지로 데려가 똑바로 하라고 하루에도 여러 번 위협했다. 딸아이를 배려해서 다른 아이가 보지 못하는 공간인 화장실로 데려가서 교육했다는데 이게 바른 교육일까? 딸아이는 어린이집을 가기 싫다며 뒷걸음질치며 그렇게 거부했다. 그런데 나는 아무것도 모르고 아이를 끌고 가서 억지로, 억지로 보냈다.

아이가 가기 싫어하는 어린이집을 가게 한 것, 이것을 통해 '아빠가 나서니 역시 대단하다, 아이에 대해 관심이 대단한 아빠다.'라는 말이 듣고 싶었는지 모르겠다. 멍청하게도 이때 나는 이런 나의 행동이 내가 신경 써주는 것이고 관심 가져주는 것으로 생각했다.

이런 경험이 있다 보니 아이의 어린이집 선택에 더욱 신중할 수밖에 없다. 용인에 살 때, 나는 같은 사무실에 근무하는 선배의 권유로 예쁜 어린이집이란 곳에 아이를 보냈다. 주변은 주차할 곳도 없고, 어린이집 건물은 외관만 보면 보내는 것을 망설이게 된다. 그런데 내가 이곳에 아이를 보낸 건, 원장 선생님을 비롯한 선생님들의 의식이 다른 곳과는 완전 다르기 때문이었다.

예쁜 어린이집은 다른 곳과 달리 모든 외부와의 대응을 원장 선생님이

다했다. 아이의 신상에 관한 것과 각종 행사 등 학부모와 소통할 것이 있으면 원장 선생님이 직접 했다. 담임 선생님들은 오직 아이를 돌보고 챙기는 것만 한다. 불필요하게 엄마들과 연락하며 스트레스를 받을 일이 없다. 담임 선생님이 아이에게만 집중하니 당연히 아이를 돌보는 질이 높아진다.

그렇다고 원장 선생님이 내 아이에 대해서 모르는 것도 아니었다. 아이의 아주 사소한 것도 다 알고 있다. 아이가 몇 시 몇 분에 어디에서 무엇을 했는지도 상세하게 기록한다. 특이사항은 지겨울 정도로 세밀하게 알려준다. 원장 선생님과 담임 선생님이 유기적으로 소통하니 그게 가능한 것이다.

내가 이 어린이집을 높이 평가하는 것은 아이에게 사랑에 대한 교육을 제대로 한다는 것이다. '아이 한 명, 한 명에게 너는 세상에서 제일 사랑받는 사람이야, 선생님과 아빠, 엄마는 너에게 관심이 많단다. 네가 힘들면 항상 도와줄 거야.'라는 사실을 가슴에 새겨주셨다. 그러니 아빠가 아이들을 잘 챙기지 못해도 아이들은 우리 선생님이 "아빠는 나를 사랑한다."라고 말했으니 '그 말이 맞을 거야.'라고 인식하게 되었다. 지금도 나의 딸이 그때가 '행복했다'고 자주 표현한다. 내 딸의 말이 정답이 아니겠는가?

좋은 어린이집을 찾는다고 여기저기 수소문하고 시설을 살핀다. 어떤 부모님은 편도로 1시간이나 걸리는 어린이집을 보내기도 한다. 그것이 나쁜 것이 아니다. 수영장이 있는 어린이집, 건물이 4층짜리 초대형 어린이집 등 주변에서 대단하다고 칭찬해주는 것을 찾지 말고 눈에 보이지 않는 다른 것을 비교해보라. 내 아이가 자신이 사랑받는 존재라고 느끼게 될지를 말이다. 이런 것은 선생님의 이직률, 선생님들의 표정, 원장 선생님이 활동하는 정도 등 눈에 보이지 않는 것을 살피면 알 수 있다. 이게 육아에 대한 진짜 관심이고 사랑이다. 그냥 보이는 것을 보는 것은 아무것도 아니다.

관심이라는 단어가 육아에서 쓰일 때는 그 의미가 다름을 알아야 한다. 육아에서 중요한 것은 관심의 대상이 부모가 되어서는 안 된다는 것이다. 아이가 나는 관심받고 있다고 느끼게 하는 것이 중요하다. 내가 육아에 관심 있다고 이야기할수록 마치 잘하는 것 같은 착각에 빠진다. 이런 착각에 빠지면 진짜 신경 쓰고 챙겨야 할 것을 놓치게 된다. 지난날의 나처럼 말이다.

2장

야단쳐봤자

아이는 행동을

멈추지 않는다

01

사소한 것에 목숨 걸지 말자

안 되는 육아를 억지로 잘하려고 하다 보니 짜증이 늘었다. 내가 하는 행동이 잘하는 것이 맞는지?, 오히려 아이를 망치는 것이 아닌지? 점점 조바심도 생기고 마음이 급해졌다. "괜찮아, 잘하고 있어!" 하면서 나를 격려하는데도 아이가 말을 듣지 않으면 또 화가 났다.

"아니 왜 말을 안 듣니? 쓰레기는 쓰레기통에 버리라고 아빠가 이야기했잖아." 또 막내가 소파 위에 쓰레기를 그대로 올려둔다. 나는 점점 화가 난다. 예전에 아내가 애들이 말을 안 듣는다고 화를 많이 냈었다. 나는 '아니, 애들이 말을 안 듣는 게 당연하지, 듣는 게 이상한 거 아냐?' 하며 아이 관점에서 항상 말했다. 그러면서 아이에게 야단치는 아내가 예민하다며 나무랐다. 그런데 내가 실제로 집안일을 맡아서 해보니 아내의 입장이 좀 이해가 간다.

이사로 환경변화가 있는데 일과 육아를 병행하려는 나의 욕심에 아이들이 뭔가 '붕' 떠 있다는 것 같았다. 하루하루는 열심히 하는데 모든 것이 낯설고 익숙하지 않아 나도 그리고 아이들도 계속 공중을 날고 있는 듯한 느낌이 들었다. 이렇게 붕 떠 있을 때는 뭔가 규칙적인 것으로 생활방식을 맞추면 빨리 안정화되는 데 도움이 된다. 그래서 어떻게 하면 좋을지 고민하다 아이들의 하루 일과를 살펴봤다.

딸아이는 8시에 일어나서 급히 가방을 챙기고 학교에 간다. 정규 수업이 끝나면 돌봄교실을 가고 오후에 미술학원 갔다 집에 온다. 집에 오면 쉬다가 동생들과 밥 먹고 TV를 시청하다 잠든다. 숙제는 할 때도 있고, 하지 않을 때도 있고 마음대로다. 선생님이 수학 공부를 집에서도 조금이라도 했으면 좋겠다고 했는데 관심이 없다.

쌍둥이 아들들은 8시에 일어나서 어린이집에 간다. 오후 6시에 집에 오면 밥 먹고, 씻고, TV 시청하고 장난감 가지고 놀다가 잠든다. 어린이집에서 낮잠을 안 잔다. 그래서 오후 8시가 넘으면 졸린다고 투정이 심해진다. 이렇게 하나하나 정리하다 보니 우선 딸아이의 오후 일과를 규칙적으로 해야겠다는 생각이 들었다. 그래서 미술학원을 마치고 집에 돌아오면 쌍둥이 동생이 집에 올 때까지 내가 내어준 수학 문제를 풀고 동생이 돌아오면 함께 밥 먹고 이후에 학교에서 내어준 숙제를 하는 것으로 일정을 잡았다.

"예진아, 수학 문제 두 장만 풀자, 이거 1학년 책이니까 금방 할 수 있어. 알겠지?"

하기 싫은 수학 문제를 내어주니 아이의 표정이 좋지 않다. 그래도 '지금 해야 한다. 무조건 해야 한다'고 난 생각했다.

도서관에서 얼핏 넘겨봤던 책의 내용이 떠올랐다. 제목은 기억이 나지 않는데 어느 아빠가 자기 아들이 수학이 싫어서 공부하고 싶지 않다고 하자 '그러면 하지 마. 어차피 인생 사는데 수학이 좌지우지하는 거 아니니까.'라며 자신은 조기에 아들을 수학의 압박감에서 탈출시켰다고 쓴 이야기가 생각났다.

나는 그 책을 보면서 고개를 갸우뚱했다. 못하는 것을 과감히 포기하게 하는 것도 하나의 방법은 맞다. 그런데 아직 초등학생이고 이제 배우기 시작하는 아이에게 포기를 먼저 가르치는 게 맞을까? 아이가 수학이 싫다고 하는데 과연 얼마나 공부했는데도 안 되는 것일까? 이런 생각을 하면서 나는 내 딸이 지금은 수학이 싫다 해도 '무조건 공부해야 한다.'라고 결정을 내려버렸다.

쌍둥이를 데리고 와서 식사 준비를 했다. "예진아, 수학 문제 어느 정도 풀었어?" 가서 살펴보니 한 페이지도 못 했다. 속으로 '와~ 1학년 책인데 아직도 반 장을 못 푼다고? 요즘은 유치원생도 다 공부하고 가서 초등학교에 입학한다는데 진짜 공부 좀 시켜야겠구나.'라고 생각하고 조용히 방을 빠져나왔다.

저녁을 먹고 다시 어느 정도 풀었는지 확인했다. 큰 변화가 없다. 그런데 딸아이는 앉아서 TV를 시청하고 있다. TV를 끄고 다시 수학 문제를 풀게 했다. 아이 표정이 좋지 않다. 하지만 어쩔 수 없다. 공부도 때가 있는데 지금 놓치면 큰일이라 생각하고 밀어붙였다. 30분 뒤에 얼마나 했는지 확인한다고 다시 방문을 열었다. 딸아이는 핸드폰으로 유튜브를 보고 있다. 점점 화가 나기 시작했다. "아빠 오늘은 제가 너무 졸려서 내일부터 하면 안 될까요? 진짜 집중이 안 돼요." 나는 화를 애써 참으며 "예진아, 내일은 꼭 하자. 알겠지?" 하고 한 발 뒤로 물러섰다.

다음날도 아이는 어제와 같이 이리저리 피하다 결국엔 또 수학 문제를 하나도 못 풀었다. 3일째 되는 날, 이날도 아이가 요리조리 피해 다니며 공부를 거부했다. 나는 드디어 폭발했다.

"아빠가 이야기했는데 왜 말을 안 듣니? 이 공부가 아빠 좋으려고 하는 거야?"

순간적으로 폭발한 화는 진화하기가 쉽지 않았다. 아이는 계속 울고 있는데 뭘 잘했다고 울고 있냐며 못 울게 하며 야단을 쳤다. “네가 하지 않으면 내가 어떻게든 시킨다.” 의자를 가져와 아이 옆에 앉아 수학 문제를 같이 풀었다. “6에 8을 더하면 뭐야?” 아이가 답이 없다. 나는 또 화가 난다. 방금 8 더하기 6은 14라고 풀었는데, 앞뒤만 바뀐 건데 답이 없다. 급기야 나는 책상을 ‘쿵!’하고 내리쳐 버렸다. 아이는 더 깜짝 놀라서 다시 울고 있다.

“아빠, 죄송한데 저 수학 못 하는 거 알아요. 근데 아빠가 화나서 물어보면 저도 답하고 싶은데 그냥 하나도 생각이 안 나요.”

이 말을 듣고 나는 나의 행동을 멈췄다. 그리고는 거실로 나왔다. 내가 뭐 하는 짓이지? 나도 그냥 수학을 포기하라고 할까? 아이 수학을 가르치려다 정말 아이를 잡겠다는 생각이 들었다. 나는 가르치다가 답답하고 화가 나서 힘들고, 딸아이도 수학은 원래도 싫은데 지금은 아빠 때문에 더 싫고 힘들어하고…. 도대체 왜 이렇게 되어야 하는 거지?

마음을 정리하고 화내지 않으리라, 화내지 않으리라 계속 외치면서 다시 아이 방에 들어갔다. 아이는 혼자서 열심히 풀고 있었다. 아빠한테 혼날까 어떻게든 빨리 끝내고 싶은 마음에 한 문제라도 더 풀어놓으려고 혼자 낑낑대고 있었다.

그렇게 문제를 다 풀고 방을 나가는데 딸이 말한다.

"아빠, 저 그냥 학원 보내주시면 안 될까요? 그러면 아빠도 저 때문에 시간 안 뺏기잖아요."

수학 학원은 죽어도 가기 싫다던 아이가 스스로 그곳에 보내달라고 했다. 자기도 오죽 힘들었으면 그냥 학원에 가겠다고 했을까? 딸은 아빠하고 공부하면 절대 안 되겠다고 생각한 것 같았다. "일단 알겠어." 이 말을 마치고 딸과 함께 거실로 나왔다.

"야!! 지금 뭐 하는 거야!" 나의 목소리가 거실에 메아리쳤다. 내 목소리를 듣자마자 아이 셋이 구석을 신속하게 뛰어간다. 마치 전쟁이나 지진이 나서 신속히 이동하는 것처럼 빠르게 이동했다. 그리고 세 명이 쪼그려 앉아서 자신의 귀를 양손으로 틀어막고 있다.

내가 딸아이의 방에서 공부를 봐준다고 잠시 비운 사이 쌍둥이 둘이서 정수기 물을 컵에 받아 거실 바닥에 계속 뿌리면서 놀고 있었다. 이미 거실은 물바다가 되었다. 쌍둥이 아들들은 그 물에 미끄러지면서 슬라이딩 놀이를 하고 있었다. 그 짧은 시간에 거실이 물바다가 되어 있는 것도 무척이나 당황스러웠다. 하지만 더 당황스러웠던 것은 아이들이 구석으로 뛰어가 귀를 막고 앉아 있는 모습이었다.

나는 얼핏 아이들의 저런 모습을 TV에서 본 적이 있었다. 부모가 아이를 훈육한다고 과도하게 질책하고 고성을 지르면 아이들은 극도의 공포심을 느낀다고 한다. 그러면서 순간적으로 자신의 귀를 틀어막는다고 했었다. TV에서 저런 모습을 볼 때 나는 이렇게 말했었다.

"부모가 미쳤구나. 저러다 부모가 죽든지, 애가 죽든지 하겠다. 애가 뭘 아냐, 다 부모 욕심이지, 아이만 불쌍하다."

그런데 TV에서나 보던 그 모습이 지금 내 눈앞에 라이브로 연출되고 있었다. 바닥의 물을 닦고 치우는데 아이들이 계속 내 눈치를 살핀다. 아빠가 또 소리를 지르지 않을까? 야단 듣지 않을까? "아빠, 죄송합니다. 제가 도와드릴게요." 하며 너무나도 친절하게 말하는 아이들의 모습이 너무 싫다. '강약약강' 강한 상대에게는 약하고 약한 상대에게는 강한 비열한 사람이 된 것 같았다.

내가 열심히 화를 낸들 무슨 의미가 있나? 만약 내가 화를 내면 아이의 건강과 실력이 향상된다. 그렇다면 내가 죽더라도 화를 내겠다. 그런데 나의 정신건강에도 안 좋고 아이의 마음에도 상처만 남기는데 화를 낼 이유가 없다. 나는 지금 공부하나 더 가르치겠다고 아이를 붙잡고 억지로 억지로 머릿속에 뭔가를 집어넣고 있다. 이게 얼마나 가치 있는 것일까? 분명 시간이 지나서 이때를 떠올린다면 나는 후회할 것 같다. '전혀 그럴 필요가 없었는데, 사소한 것에 나는 왜 그렇게 목숨을 걸고 덤빈 걸까?' 하고 말이다.

02

어린 왕자를 이해 못 하는 부모

"아빠, 제 친구 집이 너무 멋진 것 같아요. 친구 집 창문에는 예쁜 꽃이 핀 화분도 두 개나 있고요, 집에 나무도 있어요. 집안은 분홍색이고요. 집에 예쁜 강아지도 있어요."

딸아이는 한참 이야기하는데 난 잘 이해가 되지 않았다. 오랜만에 집에 온 아내가 이야기를 듣더니 딸아이에게 물어본다. "민주 집 말하는 거니?" 아내가 뭔가를 아는 듯 딸과의 대화에 끼어든다. "네, 맞아요." 그러자 아내는 고개를 끄덕이면서 나에게 설명한다. "여보, 그 집 100평이야." 난 바로 이해했다. "와~ 친구 멋진 집에 사는구나!" 하고 말이다.

내가 어린 시절 읽었던 생텍쥐페리의 소설 『어린 왕자』에 이런 문장이 있다. "마음으로 봐야 더 잘 보인다. 정말 중요한 것은 눈에 보이지 않는다." 나는 이 말의 의미를 잘 몰랐다. 그러다 여러 번 읽으면서 그 의미를 깨닫고 '눈에 보이는 것으로 판단하는 사람이 되지 말자. 나는 커서 아이의 동심을 이해할 수 있는 사람이 되자'고 다짐했다. 그런데 나도 어른이 되보니 동심을 이해하기 너무 어렵다.

학원에서 미술 시간이다. 딸아이는 준비된 스케치북과 색연필을 올려놓고 선생님의 지도를 기다리고 있다. 선생님은 아이에게 동그라미를 크게 하나 그리고 주변에 작은 동그라미를 또 하나 그리라고 이야기한다. 딸아이는 색연필을 손에 쥐었는데 동그라미를 그리지 못하고 있다. "동그라미 왜 안 그려?" 선생님이 말해도 아이는 못 그리겠다고 한다. "그냥 둥글게 그리면 돼, 예쁘게 그리는 거 아니야!" 선생님의 재촉에도 아이는 여전히 동그라미를 그리지 못하고 있다. 결국 혼자서는 동그라미를 그릴 수 없어서 선생님이 아이의 손을 잡고 그림을 그린다. 나는 이해가 안 되었다. 그냥 동그라미 두 개만 그리는데 왜 멍하니 있는 거야? 사과를 그리는 것도 아니고 조각하는 것도 아닌데… 괜히 아이 학원에 따라와서 못 볼 것을 봤나 하는 생각이 들었다. 그렇게 한 시간 정도 지나고 집에 가려는데 선생님이 옆으로 불러 이야기한다. 동그라미를 못 그려서 예진이에게 물어봤는데 "동그라미가 한쪽으로 기울어지면 안 될 것 같아서 어떻게 그리면 될까 생각했대요. 아이가 평소에 완벽한 것 좋아하나요?"
나는 잘 모르겠다 하고 아이를 데리고 나왔다. 그냥 동그라미 하나 그리는데 그런 게 있겠나 하고 넘어갔다.

며칠 뒤, 학원에서 아이가 자신이 그린 그림이라며 자랑스럽게 보여줬다. 난 당황했다. 가족의 모습인데 얼굴은 그래도 동글동글하니 사람 같아 보인다. 그런데 몸통은 개미처럼 생겼다. 그냥 개미에 사람 얼굴을 붙인 것이라고 보면 될 듯했다. 무슨 사람을 이렇게 그리지? 사람이라면 얼굴은 동그라미로 그리고, 상체는 영어 'T' 모양, 그리고 하체는 '시옷' 모양으로 그리면 금방인데 도대체 어디가 사람인지? 아이는 칭찬해달라고 하는데 이걸 칭찬해야 하는 게 맞는지도 헷갈렸다. "너무 잘했어, 근데 그림 설명을 좀 해줄래?" 그랬더니 이것은 아빠고 저것은 엄마고 하면서 설명을 하는데 결론은 우리 가족이 개미처럼 열심히 살아서 그렇게 그렸다고 했다.

꼭 한 번씩 더 물어봐야 하고 의미를 곱씹어봐야만 아이 그림의 의미를 알 수 있었다. 이런 게 상상력의 차이란 걸까? 아니면 내가 동심을 이해 못 하기 때문일까? 2가지 모두인 것 같다. 그러다 문득 이런 생각을 했다. 생활하면서 내가 '말이나 행동을 잘못하면 정말 동심을 파괴하는 사람이 될 수 있겠구나.' 하고 말이다. 동그라미를 못 그린다고 다그치거나, 조금 전 그림처럼 아이는 칭찬해달라고 하는데 나는 "사람이 아닌데 이게 뭐냐?"라고 말했다면 어떻게 되었을까? 아마 아이는 다시는 저렇게 그림을 그리지 않겠지. 나에게 그림을 보여주지도 않을 거야. 순간 아찔함을 느꼈다. 그래서 내가 이해가 안 되더라도 아이 입장으로 생각하고 일단은 아이가 듣고 싶어 하는 대로 이야기해주자고 생각했다.

아이와 서점을 갔다. 좋아하는 책이라도 한 권 사주기 위해서다. 아동 책 전시대에 가서 아이에게 보고 싶은 책이 있는지 물어봤다. 아이는 책에는 전혀 관심이 없었다. 아이는 서점 복도에 설치된 임시 진열함에 관심을 기울인다. 거기에는 팝잇과 말랭이가 잔뜩 모여 있었다. 서점에 있는 아이들은 다 거기 있는 듯했다. 장난감 전시대도 아니고 서점까지 와서 팝잇과 말랭이를 찾는 딸이 마음에 들지 않는다. 억지로 데려와 책을 고르라고 했더니 흔한 남매, 밍꼬발랄, 급식왕 등 만화책만 사고 싶다고 한다. "위인전이나 다른 건 싫어? 그런 책을 읽어야 해." 아이는 꿈쩍도 하지 않는다. '아니 만화책 읽어서 뭐 하려고 그러지?'

집에 돌아오는데 아이는 차에서 혼자 중얼거린다. 뭐하냐고 물어보니 유튜버가 되기 위해서 오늘 산 물건을 소개하는 영상을 하나 찍고 있다고 한다. "예진아, 유튜버를 해서 뭐할 건데? 그런 거 말고 다른 공부를 하는 건 어때?" 아이는 싫다고 했다. 자신은 유튜버가 될 거라며 지금 열심히 연습하고 있다고 말했다. 속으로 '유튜브가 아이를 다 망치는구나! 앞으로 유튜브 적게 보여줘야겠다.' 하고 생각하고 있는데 이번에는 게임

소리 같은 것이 난다. 나는 다시 아이에게 뭐 하는지 물어봤다. 지금 게임을 하고 있는데 '애니팡'은 하트가 없고 '천국의 계단'은 아침에 했고 그래서 '카트라이더'를 하고 있다고 이야기한다. 나는 무슨 말인지 못 알아들었다. 알아들은 말은 게임을 하고 있다는 내용만 이해했다. "예진아, 게임을 해서 뭐할 건데? 그런 거 말고 그냥 책이라도 보는 건 어때?" 아이는 또 싫다고 했다.

"아빠, 그런데 왜 아빠는 팝잇도 안 된다. 말랭이도 안 된다. 유튜브도 안 된다. '흔한 남매'나 '밍꼬발랄' 만화책도 안 된다. 게임도 안 된다. 다 안 된다고만 하세요? 그리고 왜 맨날 책만 읽으라고 해요?"

딸의 당돌한 질문에 당황스러웠다. 준비되지 않은 상태에서 급소를 맞은 것 같았다.

"아빠가 살아보니까 책만 남는 것 같아. 나머지는 그렇게 남는 게 없어서 그래서 너에게 알려주는 거야. 책 많이 본 사람들이 훌륭한 사람 되는 경우가 많으니까 그렇지."

내가 답변을 했지만 아이는 이해하기 어려운 듯했다. 내 답변에 대해 내가 스스로 생각해도 뭔가 궁색하고 설득력이 없었다.

내가 어릴 때, 나는 아버지로부터 출세해야 한다는 말을 많이 듣고 자랐다. 도대체 출세가 뭔지도 몰라서 하루는 아버지께 물었더니 '돈 많이 벌고 높은 지위에 올라가는 게 출세'라고 하셨다. 학원이라고는 태권도밖에 다니지 않았지만, 공부는 상위권에 있어서 아버지는 내게 공부하라는 말은 많이 하지 않으셨다. 대신에 내가 봉사활동 단체에 나가서 활동하고 하는 것은 싫으셨던 것 같다. 그래서 "출세하려면 공부해야 한다. 공부 잘하려면 쓸데없는 것 하지 마."라며 계속 봉사활동을 그만두라고 하셨다. 하지만 나는 꿋꿋하게 다녔다. 아버지 기준에는 내가 하는 모든 활동이 모두 쓸데없는 짓이라고 여겼지만 내 기준에는 나름대로 가치 있는 일이라고 생각했으니까 말이다.

하루는 커서 뭐가 되고 싶냐는 아버지의 질문에 나는 "검사가 되고 싶다. 그런데 글을 쓰는 것도 좋을 것 같다."라고 했다. 아버지는 '글 쓰는 게 뭐가 좋냐'며 노발대발하셨다. "너 한글 아직 모르냐, 한글 알면 되었지, 갑자기 글을 쓴다고 난리냐, 딱 굶어 죽기 좋은 소리를 하고 있다."라며 쓸데없는 소리, 쓸데없는 생각은 하지도 말라고 엄포를 놓으셨다. 아버지가 나를 이해해주지 않는 것이 너무 싫었다. '그렇게 좋으면 아버지가 하시지, 왜 자꾸 나에게 하기를 강요하는 것일까?' 다음부터 아버지가 "커서 뭐가 될래?" 하고 물어보면 나는 더는 논쟁하기가 싫어서 "빨리 출세하겠습니다."라고 말했다. 내 마음과는 상관없이 말이다.

나도 돌이켜보니 어린 시절 나를 이해하지 못하는 아버지가 있었다. 그때는 내 말을 이해 못 하는 아버지가 답답하기만 했다. 그런데 어른이 되어서 다시 생각해보니 아버지도 자신의 말을 이해하지 못하는 아들을 보면서 답답하기도 했을 것 같다. 시간이 지나서 내가 어른이 되어보니 2가지 마음을 이제 조금 알 것 같다.

딸아이가 아빠는 무조건 안 된다고 말하는 사람, 자신의 처지를 이해 못 하는 사람이라고 이야기한다. 내가 어릴 때처럼 말이다. 부모의 입장, 아이의 입장, 서로의 입장의 차이인 것 같다. 서로의 다른 입장을 어떻게 생각하는 것이 좋을까? 결코 내가 완벽하지는 않다. 그래서 내가 '맞다는 생각'에 자꾸 나의 입장을 아이에게 강요해서는 안 된다는 생각이 든다.

아이도 아이의 생각이 분명히 있을 것이다. 내가 그것을 이해 못 하는 것일 뿐, 이해를 할 수 있는 어른을 만나면 아이는 더 크게 자랄 수 있을 것이다. 그래서 아이를 좀 더 이해해보려고 한다. 그래서 눈에 보이지 않는 것을 좀 더 이해해보기로 했다.

03

열 번 말하기 전에는 말한 게 아니다

내가 초등학교 6학년 정도였던 것 같다. 바로 옆집에 다섯 식구가 새로 이사를 왔다. 그 집은 기존에 있던 집을 허물고 재건축해서 이사를 왔다. 동네가 좁다 보니 새로 집을 짓는다고 자재를 나르면서부터 동네 사람들은 그 집을 기웃기웃했다. 그리고 그 집 가족들이 전부 전라도 토박이로 부산에서 사는 건 처음이었다. 자연히 그 집은 동네에서 유명한 집이 되었다. 어른들이 사용하는 전라도 말투가 내게는 익숙하지 않았다. 그 집 아주머니는 워낙 목소리도 크셔서 우리 집 문을 닫아놓아도 가끔 목소리가 들리곤 했다. 하루는 그 집 꼬마가 뭔가 실수를 한 모양이다. 아이를 계속 야단을 쳤다. 그리고 흥분하셔서 이렇게 말했다. "사람 종자가 한번 말하면 못 알아먹냐." 처음 들어본 말이 신기해서인지 그 말은 내 머리에 꽉 박혀버렸다. 그리고 '한번 말하면 꼭 알아들어야 하는 거구나.' 하고 그렇게 생각하고 살았다.

저녁 식사를 할 때면 아이들을 불러 모아놓고 내가 먼저 잔소리 한마디를 시작한다. "오늘 밥을 먹을 때 장난치지 말고 먹기, 알겠죠?" 아이들은 또 잔소리라고 여기는 듯 표정이 좋지 않다. 형식적으로 대답하고 아이들은 식사한다. 내가 이렇게 잔소리로 시작하는 이유는 아무리 말을 해도 밥을 먹으면서 꼭 장난을 치기 때문이다. 나는 밥을 먹으면서 오늘 어떻게 지냈는지를 아이 한 명에게 먼저 물어본다. 아이가 이야기하는 도중에 다른 아이가 반론을 제기하듯 끼어들고 이것이 논쟁이 된다. 논쟁이 되는 것까지는 좋다. 그런데 그러면서 꼭 물이나 국을 쏟아 식사를 엉망으로 만든다. 그래서 나는 아이들한테 질문을 하지 않는다.

아이 중 한 명이 이야기를 꺼내면 '식사를 다 하고 이야기하자.'라며 내가 말을 끊는다. 하지만 아이들이 말을 안 할 수는 없다. 한 명이 이야기를 시작하면 마치 화수분인 양 모두가 자기 이야기를 떠들어대니 저녁 식사는 항상 어수선하다. 물을 자주 엎질러서 식탁에서 물병을 치워버렸다. 그런데 식사하면 꼭 물을 찾는다. 그래서 물을 챙겨주면 또 잠깐의 틈에 물을 엎지른다. 일주일에 두세 번 그렇게 하니 나도 스트레스가 이만저만이 아니다. 식사할 때는 물 잔만 보고 있는 것 같다.

아이가 흘린 물을 화내지 않고 한번 치웠다. 다음에도 치우고, 그다음에도 치웠다. 그랬더니 이제는 물을 엎지르면 그냥 아빠를 기다리고 있다. 내가 와서 뒷정리할 때까지 말이다. 한번은 "물을 흘리지 말자."라고 주의를 주고 냉장고에서 음식을 꺼내왔다. 내 말이 끝나기가 무섭게 나와 눈을 마주치면서 웃으면서 물을 일부러 쏟아버린다. 아이들은 그것이 재미있는지 낄낄대면서 웃고 있다. 결국 나의 인내심은 폭발하고 말았다.

"도대체 아빠가 몇 번을 이야기했어? 식사할 때는 장난치지 말고, 물 쏟지 않게 조심하라고 몇 번을 이야기했어."

아이는 "아빠, 죄송합니다."라고 연신 말하지만 나는 치우면서도 계속 중얼중얼하며 소리치고 있다.

"너희는 왜 내가 이야기하는데 말을 안 듣냐? 도대체 앞으로 몇 번을 더 이야기해야 해?"

나는 말을 하면서도 갑갑했다. 내가 말을 제대로 하지 않는 건가? 내 표현이 이상한가? 아니면 아이들이 말을 못 알아듣는 건가? 아니면 알아듣는데 나를 무시하는 건가? 혼자서 이런저런 생각을 하는데 정말 이 상황 자체가 싫어졌다. 어릴 때 옆집 아주머니가 말하던 "사람 종자가 한번 말하면 못 알아먹냐."가 이 순간에 왜 계속 생각나는 것인지 모르겠지만 계속 맴돌았다.

너무나 답답해서 쌍둥이를 어린이집에서 데려오면서 어린이집 원장님에게 물어봤다.

"원장님, 애들이 집에서 물 흘리지 말라고 아무리 말해도 말을 잘 안 들어요. 뭐가 문제인지 모르겠어요"

그랬더니 원장님이 몇 가지를 묻더니 이렇게 이야기했다.

"아버님 아이들은 한번 말했다고 절대로 한 번에 알아듣지 않아요. 한 번 말했는데 아이가 한 번에 알아듣는다면 그게 이상한 거예요. 그리고 부모가 말을 수백 번 했다가 중요한 게 아니에요. 한번을 할 때 눈을 마주치고 제대로 알려주셔야 해요. 그렇게 여러 번을 하다 보면 아이들도 조금씩 이해하기 시작할 거예요."

원장님의 이야기를 듣고 보니 그 말이 맞는 것 같았다. 내가 아이들에게 말을 할 때 어떻게 했었는지 떠올려봤다. 그냥 물을 쏟을까 봐 형식적으로 한 말이 절반이고 쏟고 나면 푸념을 하듯이 털어놓은 것이 나머지 절반이었다. 아이의 눈높이를 맞춰서 눈을 마주치면서 말한 적이 없었다.

"예준아, 식사 시간에 장난을 치면 안 돼요. 물을 쏟을 수도 있고 다른 사람의 식사를 방해할 수도 있어. 만약 다른 친구가 장난을 치고 물을 쏟아서 예준이가 식사할 때 불편하면 기분이 어떨까?"

이렇게 제대로 이야기한 적이 한 번도 없었다. 그러니 아이들이 내가 아무리 이야기해도 나만 떠든 것일 뿐 아이들에게는 한 번도 제대로 이야기한 것이 아니었다. 오히려 내가 하는 말이 아이들로서는 장난치는 것으로 들렸을 것이다. 아마도 그래서 '아이는 내 눈을 마주치면서 물을 일부러 쏟아 버린 거였구나.' 하고 이제야 좀 이해가 되는 것 같았다.

박태현 작가의 『부하직원이 말하지 않는 진실』이라는 책에서 리더들이 흔히 하는 착각 중 하나가 자신이 하나를 알려주면 부하직원들은 당연히 열을 알 거라고 생각하는 것이라고 한다. 그런데 실상을 보면 직원들이 리더의 말을 제대로 한 번에 알아들을 확률은 5%도 안 된다고 한다. 직원들이 모두 수준이 떨어지는 사람이라서 그런 것이 아니다. 사람들 개인마다 저마다 머릿속에 담고 있는 관심사나 생각, 우선순위 등이 서로 다르기에 리더가 말해도 받아들이는 강도가 다르다고 책에서는 설명하고 있다.

이 문구를 보고 이런저런 생각을 해봤다. 군대에서도 그랬던 것 같다. 중대장이나 소대장이 용사들에게 주요한 사항을 용사들에게 교육한다. 그런데도 가끔 사고가 발생한다. 사고가 나서 교육을 제대로 받았는지 살펴보면 항상 그런 것은 아니지만 그 교육을 듣지 않았던 사람이 70%, 교육을 들었어도 제대로 인지하지 못한 인원이 30% 비율로 나타난다. 예를 들어 휴가 나갈 때 과도한 음주를 하지 마라, 여름철에 운전 시 졸음운전 조심해라 등을 교육한다. 그런데 음주 사고나 차 사고가 발생해서 원인을 추적하면 교육할 때 출장, 작업, 식사, 또는 교육은 했는데 다른 생각을 하고 있어 제대로 안 들은 사람에게서만 꼭 사고가 났다.

그래서 군에서도 장병을 교육할 때 한번 교육으로는 절대 제대로 된 교육이 이루어지지 않는다고 여긴다. 교육을 받지 못했거나 제대로 못 들었다고 판단해서 지휘관 교육, 출타자 교육, 결산, 기타 행사 등 다양한 기회를 통해서 반복적으로 교육을 한다, 내가 실제로 해보니 대략 열 번 정도를 반복 교육을 하면 거의 모든 인원이 제대로 이해하게 되었던 것 같다.

책에서 제시한 내용과 나의 군 생활 경험을 비교해보니 거의 맞는 듯하다. 다 큰 성인들도 뭔가 뜻한 바를 이룰 때 최소 열 번은 해야 겨우 이해한다. 그런데 아이들에게 이야기를 한 번 했다. 그것도 아이의 눈높이에 맞지 않는 방식으로 한번 중얼거리듯이 말해놓고 아이에게 말을 잘 들으라고 한다면 과연 듣겠는가? 절대로 제대로 들을 수가 없다.

어쩌면 아이들은 이렇게 말할지 모른다. "제발 내가 알아듣게 한 번에 말 좀 해주세요!" 이상하게 여러 번 나눠서 말하지 말고 내가 알아들을 수 있게 이야기하면 나도 이해한다고 말이다.

04

틀린 것과 다른 것의 차이

수학 문제처럼 정답이 정해져 있는 것은 '맞다, 틀리다'로 구분할 수 있다. 하지만 수학 문제를 풀어가는 과정은 덧셈을 먼저 할 수도 있고 뺄셈을 먼저 할 수도 있고 상황에 따라 다양한 풀이식이 존재할 수 있다.

이것은 틀린 것이 아니라 다른 것이다. 그런데 사람들은 틀린 것과 다른 것을 잘 구분하지 못한다. 자신의 방식과 다르면 일단 틀린 것으로 생각하는 경우가 많다. 또 '틀리다'라는 단어를 '잘못한 것'으로 오인하는 경우가 많다. 그러다 보니 틀린 것도 잘못이고, 다른 것도 잘못이고 다 잘못이라고 생각하는 경우가 많은 것 같다.

육아휴직 전 아이들을 돌봐주시던 연세 많으신 맘시터 이모님이 떠오른다. 딸아이가 다른 애들과 달리 유별나다며 "할머니에게 밥상을 차려오라."고 했단다. 또는 "내가 배가 고프니 할머니가 마트에서 먹을 것을 사서 가져와라. 집에 있는 노예가 시키면 시키는 대로 할 것이지 말이 많다."라고 딸아이가 말했다고 한다. 그러면서 딸아이가 틀려먹었다 하셨다. 나는 어른의 그 말만 듣고 아이를 호되게 야단을 쳤다. 아이에게 이유도 들어보지 않고 말이다. 나는 내가 모르는 아이의 잘못된 점을 지적해줘서 고맙다고 하면서 그분께 고개까지 숙였다.

그런데 아홉 살인 딸을 내가 전담해서 몇 달 키워보니 딸아이는 맘시터 이모님이 말하는 그런 아이가 아니었다. 팔이 안으로 굽기 때문에 그런 것이 아니다. 내가 지켜본 아이는 미안하게도 아직 그런 단어를 사용할 줄 모른다. 아이와 함께 생활하면서 내가 느낀 건 "할머니 밥 좀 주세요."와 "어른들은 마트에 가면 물건을 살 수 있잖아요."를 그렇게 표현한 어른의 고지식한 생각이 틀렸다는 것이다. 맘시터 이모님께 다른 것은 잘못한 것이고 야단을 맞아야 하는 것이었다. 이런 분께 아이를 맡겼으니 아이는 틀린 것도 다른 것도 모두 잘못된 것이라고 배워버린 듯했다. 좋은 것은 아무리 가르쳐도 빨리 배우지 않지만 나쁜 것은 말하지 않아도 금방 배우니 말이다.

하루는 딸아이 표정이 좋지 않다. 침울하고 뾰로통한 것이 무슨 일이 있는 것 같다. 무슨 일인지 궁금해서 다가가서 물어봤다. "귀요미, 왜 이리 기분이 안 좋아? 학교에서 무슨 일 있었어?" 딸아이는 대답이 없다. 그러다 잠시 머뭇거리더니 내게 말했다.

"아빠, 저는 왜 다 잘하지 못해요?"

"응? 무슨 말이야?"

"아니, 수학도 시험 치면 틀리고 국어도 시험 치면 틀리고 뭐든지 자꾸 틀리니까 싫은데…. 그러니까 다 잘못하니까 기분이 안 좋아요."

딸아이의 말에 나는 하던 일을 멈추고 자세를 바로잡았다. 그리고 학교에서 무슨 일이 있었는지 아이와 이야기를 나눴다. 이틀 전 국어와 수학 시험을 쳤는데 오늘 결과가 나왔다고 한다. 딸은 자신이 시험을 잘 봤다고 생각하고 있었다. 국어 시험을 친 날, 나에게 오늘 시험을 쳤는데 다 맞은 것 같다고 미리 자랑까지 했었다. 그런데 결과를 보니 몇 개를 틀려서 예상한 점수보다 낮게 나왔던 모양이다. 수학은 덧셈과 뺄셈을 잘하지 못했다. 그래서 점수가 항상 낮았다. 딸아이는 수학 문제를 틀리는 것은 기분이 나쁘지 않은데 국어 문제를 틀리는 것은 싫었던 모양이다. 국어 시험 문제를 몇 개 틀려서 기분이 좋지 않았는데 친구 중의 한 명이 틀린 것을 가지고 '그런 걸 틀리냐'며 딸아이를 놀렸단다. 그래서 딸은 또 짜증이 났다고 했다.

“틀려도 괜찮아, 뭐 어때? 틀리면 다시 공부하면 되는 거지! 틀렸다고 해서 잘못하는 거 아니야!”

난 차분히 설명해줬다.

“잘못한다는 것은 능력이 없다는 건데 넌 능력이 없지 않아 아빠가 알아. 똑같은 것을 여러 번 틀리면 그건 능력이 없는 거야. 그러면 잘못하는 것이지만 넌 이제 한번 시험 쳤잖아. 그러니 잘못하는 거 아니야! 그리고 어떤 친구는 국어랑 수학 다 잘하는 친구도 있고, 둘 다 못하는 친구도 있고, 수학 잘하는데 국어 못하는 친구도 있어, 넌 국어 잘하잖아. 수학만 좀 부족한 거지. 사람마다 다 달라. 그러니 다 잘 못한다고 생각하지 마.”

나는 딸아이를 다독여주었다.

틀리면 아이들이 잘못했다고 생각한다. 그러나 ‘틀리는 것과 못하는 것’은 정말 별개다. 2가지를 구분해서 가르쳐줘야 한다. 그것도 되도록 빨리 가르쳐줘야 한다. 틀리는 것은 그냥 정답이 아닌 것이다. 그걸로 끝이다. 그런데 못하는 것은 능력이 없는 것이다 정답을 맞추지 못한 것을 ‘못 한다’고 계속 말하다 보면 아이는 스스로 자신은 능력 없는 사람으로 생각해버린다. 그래서 틀리는 것과 못하는 것을 아이에게 가르쳐줘야 한다.

그리고 다르다는 것도 알려줘야 한다. 즉, 사람마다 잘하는 것이 다르다는 것을 알려줘야 한다. 모든 사람은 각자가 잘하는 분야가 다르다. 그런데 다르다는 것을 모르면 다른 사람들과 비교해서 자신의 부족한 것을 보고 나는 부족한 사람, 능력이 없는 사람, 못하는 사람으로 여기기 때문이다. 나의 딸의 경우 수학의 수 개념과 덧셈과 뺄셈이 잘 안 되다 보니 잘하는 친구를 보면서 자신은 잘하지 못하는 사람으로 스스로 족쇄를 씌우는 것처럼 말이다.

내가 사람마다 다르다는 것을 제대로 배운 것은 많은 전투 훈련을 경험하면서였다. 처음에 신병이 오면 나는 사격훈련을 많이 시켰다. 사격은 스스로 자신을 지키는 것이고 군인으로서 가장 핵심적으로 해야 할 일 중 하나다. 그런데 사람마다 체형이 다르다. 그러다 보니 사격을 할 때 조준하는 것이나 자세, 호흡 등이 조금씩 차이가 난다. 이것을 조절하는 과정을 '영점 획득'이라고 한다. 사격을 잘하기 위해서는 개인에게 맞는 영점을 획득해야 한다. 사격할 때 세 발, 세 발, 세 발을 쏘고 세 발이 표적지 가운데 검은 원 안에 다 들어오면 영점을 획득했다고 한다. 그러면 비로소 실제 표적지를 보고 사격을 할 수 있게 된다.

그런데 나는 영점을 잡을 때 기본적인 방식을 보완하여 사격 교육을 했다. 먼저 다섯 발을 표적지에 사격시킨다. 다시 다섯 발을 사격시키고 그렇게 여러 번을 반복한다. 나는 표적지 원 안에 다섯 발을 맞힐 때까지 계속 사격을 시켰다. 100발이든 200발이든 될 때까지 시켰다. 그러면 나중에는 누가 쏘더라도 점점 표적지 한가운데만 정확하게 사격하게 된다. 이런 방식은 기존 방식에 비해서 다르지만 그렇다고 틀린 것은 아니다. 주어진 상황에 맞게 효율적으로 사격 방법을 조정하여 시행한 것이기 때문이다.

이렇게 사격하면 남들보다 많은 시간이 소요되었다. 하지만 용사들 개인별로는 한번 사격할 때 많이 사격해서 자기 총에 대한 자신감을 가질 수 있었다. 이런 자신감이 있어야 비로소 훈련 시에 불안감을 떨친다. 그렇지 않으면 행동이 위축된다. 그래서 나는 틈만 나면 사격을 시켰다. 내가 강원도에서 근무할 때는 일주일에 두세 번은 사격장에서 살다시피 하며 장병들 사격을 집중해서 시켰다.

사격 실력이 합격한 용사들은 훈련에 참석시키는데 전투 훈련을 해보면 개인마다 다 특성이 나타난다. 사격을 잘하는 사람, 무전기를 잘 다루는 사람, 상황판단이 빠른 사람, 밤에 지형을 잘 아는 사람, 체력이 좋은 사람, 겁이 많아 행동이 늦은 사람, 통제를 잘 안 따르는 사람 등 개인별로 다양한 특성이 나타난다. 그러면 나는 개인별 특성에 고려해서 그 사람이 잘할 수 있는 직책이나 환경으로 조정해주었다. 그러면 그 사람은 다른 사람과 비교해서 자신의 가치를 떨어뜨리지 않고 잘하는 것을 더 잘해서 자신만의 색깔을 드러내 보여주었기 때문이다.

학교를 마치고 온 아이의 표정이 너무 밝다. 혼자서 신이 났다. 무슨 일인지 궁금해서 다가가서 물어봤다. "귀요미, 오늘은 왜 이리 기분이 좋아 보이냐? 학교에서 좋은 일 있었어?" 딸은 '으하하~.' 하고 장난 가득한 웃음을 보인다. 학원 마치고 집에 오다가 마트에서 과자를 사 먹으러 갔다고 한다. 마트 들어갈 때 "안녕하세요!" 하고 인사를 크게 하고 들어가고 계산하고 나올 때 "감사합니다. 안녕히 계세요." 하고 인사를 크게 했다고 한다. 그랬더니 마트 아주머니가 너무 인사 잘하고 예쁘다고 칭찬해주시면서 과자를 하나 더 주셨다고 한다. 그러면서 자기는 인사를 잘하기 때문에 앞으로 국어와 인사를 잘하는 아이가 되도록 하겠다고 한다. 아이의 말이 웃겨서 열심히 해보라고 칭찬을 해줬다.

"아빠 수학을 좀 틀린다고 제가 공부를 못하는 건 아니죠?"

"응, 맞아!"

"사람마다 자기가 다 잘하는 게 다르잖아요. 저는 인사랑 국어를 잘하는 것이고 다른 친구는 국어랑 수학을 잘하는 거고, 근데 아빠는 제가 어떤 걸 더 잘하는 게 좋아요?"

나는 뭐라고 이야기할까 고민하다 이야기했다.

"다 잘하려고 하지 않아도 돼. 네가 잘하고 싶은 거 한 개만 잘하면 돼."

'틀리면 어때, 마음 졸이지 마! 못 하는 것은 없어. 조금만 노력하면 돼, 다른 건 틀린 게 아니야 당연한 거야.' 아이에게 내가 해주고 싶은 말이다.

05

아이들이 진짜 원하는 것은 따로 있다

TV에서 1~2세 정도로 보이는 유럽의 아이들이 혼자서 식사하는 모습을 본 적이 있다. 아이는 부모 옆에 앉아서 식사하는데 손으로도 먹고 숟가락이나 포크로도 먹는다. 그런데 먹는 건지 음식으로 장난치는 건지 모르겠다 싶었다. 아이의 입 주변과 옷은 금세 더러워졌고 제대로 먹기보다는 주변에 음식을 바르는 느낌이 들었기 때문이다.

어쩌면 나의 고정관념일지 모르겠다. 내가 주변에서 본 부모는 대부분 음식을 떠서 아이의 입에 넣어줬다. 또 아이가 먹기 싫다고 하면 음식을 들고 쫓아다니면서 어떻게든 한 숟가락이라도 더 먹이려고 했다. 이런 모습을 자주 봐왔다. 그래서 나는 아이가 어느 정도 자라야 어른처럼 혼자서 식사할 수 있지, 그전에는 혼자서 식사하는 것은 불가능하다고 생각하고 있었다. 어느 정도 자라야 하는지는 모른 채 말이다.

아침에 일어나면 아이를 한 명씩 불러 손을 잡고 화장실로 간다. 먼저 아이가 용변을 보는 사이 재빠르게 칫솔에 치약을 묻힌다. 세면대 앞으로 데려와 위아래로 꼼꼼하게 양치질을 해준다. 아이는 눈을 감고 가만히 있다. 양치질이 끝나면 눈곱을 떼고 세수를 시켜준다. 수건으로 얼굴을 닦고 나면 아이의 손을 세면대 안에 넣고 또 씻겨준다. 이것을 3회 반복한다. 정작 나는 세수를 할 틈이 없다.

옷을 꺼내 거실에 두고 아이들에게 입으라고 한다. 그사이 나는 아침을 준비한다. 아침이라고 해봐야 시리얼에 우유를 부어주거나 간단한 토스트를 주는 정도다. 딸은 이제 혼자서 옷을 입는다. 그런데 쌍둥이는 꺼내준 옷을 보고도 그저 바라만 보고 있다.

"예성아, 예준아 얼른 옷 입어 어린이집 가야지."

그런데 한 명이 갑자기 "이 옷 싫어, 창피해." 하며 징징대기 시작한다. 다른 한 명은 바닥에 드러누워버렸다. "내가 어떻게 해, 나 못해!" 하며 계속 울기 시작한다. 급히 뛰어가서 나는 얼른 아이의 옷을 갈아입힌다. 울고 징징대지만 다 받아줄 시간이 없다. 옷을 입히고 다시 주방으로 가는데 이번에는 "왜 양말은 안 신겨줘?" 하면서 울음보를 터뜨린다. 나는 이제 짜증이 난다. "네가 좀 해. 하나부터 끝까지 아빠가 다 해줘야 하니?"

딸아이는 내 눈치를 보며 혼자 양말도 신고 가방까지 챙겨서 나갈 준비를 마무리하고 있다. 아직도 혼자서 양말로 낑낑대며 짜증 부리는 아이가 답답하다. 나는 다시 아이에게 가서 양말을 신기고 겨우 식탁에 앉힌다.

"빨리 먹어요." 하고 아이들의 가방을 다시 확인하고 부랴부랴 나도 세수하고 머리를 감고 나온다. 역시 변화된 게 없다. 쌍둥이 녀석들은 음식을 겨우 깨작깨작 먹었을 뿐이다. 먹기 싫다는 아이에게 한 숟가락씩 번갈아 가며 얼른 먹인다. "너희가 좀 떠서 먹어. 먹는 것도 아빠가 다 해줘야 하니?" 아이들은 눈만 말똥말똥 뜨면서 '내가 어떻게 해? 나는 할 수가 없어.' 하고 똑같은 소릴 반복해서 한다.

집을 나가면서 아이의 신발도 신겨줘야 한다. 매번 거꾸로 신어서 제대로 신는 데도 세월아 네월아 하니 답답해서 내가 얼른 도와주고 끝낸다. 아이가 마스크는 알아서 착용했지만 이것도 매번 다시 바로 잡아줘야 한다.

아침 시간에 나는 항상 이렇게 급하다. 나만 이렇게 급한 것인지 도대체 언제까지 내가 다 해야 하는지 궁금했다. 주변에서 이제 아이가 스스로 할 때도 되었다고 한다. 그래서 조금씩 억지로 시킨다. "나는 할 수 없어. 내가 어떻게 해?" 하며 아이는 닭똥 같은 눈물을 흘린다. 그래서 아이에게 '스스로 하기'를 계속 강요하기가 쉽지 않다. 어떻게 해야 할까? 나의 고민은 계속 깊어져 갔다.

그러던 어느 날 내가 늦잠을 자고 말았다. 오전 8시 40분이다. 분명 일어났는데 '5분만 더, 5분만 더' 하다가 그냥 잠들어버렸다. 큰일이다. 아이를 학교에 데려다줘야 하고 어린이집도 등원시켜야 하는데 시간은 부족하다. 급하게 아이들을 챙기려 하는데 분명 내 옆에 자던 아이들이 없다. 거실로 나가보니 옷을 입고 가방을 메고 마스크를 착용하고 나를 기다리고 있다. 눈이 동그래졌다.

"너희 세수했니?"

아이들은 세수도 하고 양치질도 하고 옷도 자기들이 스스로 입었다고 한다. 분명 어제까지도 못 한다고 찡찡대던 아이들인데 어떻게 자기들이 한 거지? 당황스러웠지만 일단 나가야 했다.

아이들을 차에 태워 이동하면서 내가 아이들에게 말했다. "너희 오늘 정말 잘했어. 아빠가 늦잠을 잤는데 너희가 스스로 준비를 다 할 줄 몰랐는데 대단해!" 아이들은 연신 "오~예!! 우리가 스스로 했다."라고 외치며 기분 좋아했다. 나는 '이게 어떻게 된 일이지?' 하며 혼자 생각하고 있는데 막내아들 예준이가 나에게 묻는다.

"아빠, 근데 우리가 옷을 입으면 안 예쁘게 입는데 왜 칭찬해줘요?"

난 '안 예쁘게'라는 말이 이해가 안 되었다. 그래서 아들에게 다시 물어봤다. 그러자 "옷이 삐뚤삐뚤하고 양말이 앞으로 나오지 않고…." 아이가 말한 '안 예쁘게'는 깔끔하지 않다는 말이었다. 즉 자신들이 옷을 입으면 깔끔하게 안 입는데 왜 칭찬해주냐는 질문이었다. 나는 "깔끔하게 안 입어도 돼. 스스로 입는 게 중요하지 못하면 아빠가 도와주면 되잖아."라고 말했고 아이는 "아 그렇구나." 하고 고개를 끄덕였다.

내가 아이들에게 항상 깔끔한 것을 요구한 건가? 나는 깔끔한 것을 좋아한다. 그렇다고 아이들에게 그것을 요구하거나 말한 적은 없는 것 같다. 그런데 아이가 그걸 물어보니 내가 무의식적으로 아이들을 압박한 게 아닌가 하는 생각이 들었다. 그러다 보니 아이들이 뭔가를 하려고 해도 잘하지 못하면 안 된다고 압박감에 '나는 할 수 없어. 내가 어떻게 해.'를 반복한 게 아닌지 하는 생각이 들었다.

저녁 식사를 준비하는데 딸이 요리하는 것을 도와주고 싶다고 했다. 그랬더니 쌍둥이들도 슬금슬금 다가온다. 주방은 좁은데 아이들이 모여 들면 비좁다. 그러다 기름이라도 아이들에게 튀면 또 울고불고할 것 같다. 딸아이만 있었다면 같이 했을 텐데…. 아이들이 아쉬워했다. 순간 책에서 읽은 문구가 생각이 났다.

스탠퍼드 대학교의 교육학 박사 아그네스 천이 지은 『아들 셋을 스탠퍼드에 보낸 부모가 반드시 지켜온 것』이란 책에서 아이들을 어릴 때부터 집안일을 하도록 교육해야 한다는 내용이 있다. 집안일을 나누면 그것은 그 사람의 일이 되어버린다. 따라서 가사를 분담하지 말고 가족 모두 함께 하는 것으로 해야 한다. 그러면 일의 중요성도 깨달을 수 있고 아이는 성취감을 가질 수 있다고 적혀 있었다.

그래서 아쉬워하는 아이들에게 물티슈를 나눠주면서 바닥을 청소하는 것을 도와달라고 했다. 아이들이 물티슈로 여기저기를 닦기 시작했다. 바닥도 닦고 소파도 닦고 리모컨도 닦고 TV도 닦는다. 생각해보니 청소하는 것을 같이 해본 적이 처음인 것 같았다. 막내가 바닥을 닦다가 힘들어서 고개를 돌려보면 누나와 형이 열심히 닦고 있다. 누나가 힘들어서 고개를 돌려보면 쌍둥이 동생들이 열심히 닦고 있다. 5분 정도의 시간 동안 아이들은 이마에 땀이 송골송골 맺히도록 참 열심히도 닦았다. 재미있냐고 물었더니 재미있다고 한다. 그리고 앞으로 또 도와준다고 한다.

나는 그런 모습이 기특해서 잘했다고 칭찬을 가득 해주었다.

다음날 아이를 데리고 하원 하려는데 선생님이 이야기한다.

“아버님, 어제 아이들이 자기가 옷을 입었나요?”

“네, 어제 제가 늦잠 잤는데 아이들이 입었더라고요”

“아, 어제 예성이랑 예준이가 오더니, 아빠한테 엄청나게 칭찬받았다고 온종일 자랑하더라고요. 자기들이 스스로 했다면서 아빠가 옷 안 예쁘게 입어도 된다고도 했다고 하더라고요. 오늘은 자기들이 집에서 청소했다면서 원에서도 청소한다고 계속 물티슈 달라고 하고요.”

선생님 이야기를 들으니 아이들이 원하는 게 뭔지 조금 이해가 되었다.

나는 아이들이 아직도 매우 어리다고 생각했다. 그래서 언제쯤이면 좀 커서 스스로 할 수 있을까 막연히 생각만 하고 있었다. 아이들이 할 수 있는 일인데도 답답한 마음에 항상 내가 먼저 얼른 해주었다. 이런 나의 모습을 아이들은 너무나 완벽한 것으로 이해했나 보다. 그래서 아이들은 자신들은 절대 할 수 없는 것으로 생각했던 것 같다. 아이들이 원하는 것은 스스로 해보는 것이었다. 그리고 잘했다는 부모의 칭찬을 듣고 싶었던 것이다. 나는 아이의 마음도 모르고 혼자 답답해하고 혼자 짜증을 내고 있었다. 아이가 스스로 해볼 기회를 나는 기다려주지 못하고 말이다.

06

이제야 너의 마음을 좀 알겠어

부모는 아이에게 많은 사랑을 준다. 그런데 그 사랑을 아이가 어떻게 받아들이고 있는지 가끔은 확인이 필요하다. 부모는 무한대의 사랑을 아이에게 보낸다. 그런데 정작 받아들이는 아이가 사랑을 받는 것을 불안해하고 사랑을 더 받지 못할까 걱정한다면 빨리 이 생각을 바꿔줘야 한다. 항상 아빠와 엄마는 너를 사랑한다는 것을 제대로 느끼도록 말이다.

내가 중대장 임무를 수행할 때 일이다. 나는 하급자 특히 용사들의 의견을 들을 때 애로 및 건의 사항을 많이 받았다. 주기적으로 용사들에게 의견을 물으면 주로 공용시설을 사용하면서 겪는 불편함을 개선해달라는 이야기를 많이 했다. '청소도구 상태가 좋지 않아 교체가 필요합니다, TV나 선풍기 등이 고장이나 수리가 필요합니다. 사이버지식정보방 사용 시간 확대를 요청합니다.' 식으로 말이다.

이런 의견은 겉으로 드러나는 것이고 내가 공을 들였던 건 화장실에 설치한 '마음의 편지함'이었다. 나는 화장실의 모든 대변기가 있는 칸마다 마음의 편지함을 만들었다. 사람은 누구나 화장실에 간다. 마음의 편지함은 자신이 다른 사람에 말하기 곤란한 애로사항을 비치된 편지함에 편지를 써서 넣으면 내가 확인하고 조치해주는 방식으로 운영되었다.

편지는 일주일에 한 번씩 내가 직접 회수했다. 편지함의 열쇠를 나는 용사들의 생명이라고 생각했다. 내가 열쇠를 다른 간부에게 맡기는 순간 용사들과 내가 쌓은 신뢰는 바로 무너진다. 그래서 단 한 번도 열쇠를 누구에게 맡긴 적이 없다. 무조건 용사들이 보는 앞에서 내가 직접 열었다. 처음에는 편지를 써도 조치해줄까 하여 거의 편지가 없었는데 한 3개월이 지나니 화장실 마음의 편지함마다 한 통 이상의 편지가 꼭 있었다. 용사들이 나를 신뢰한다는 뜻이었다.

화장실에 앉아 쓴 마음의 편지를 보면 각자의 간절함이 담겨 있었다. 최근에 여자친구와 관계가 좋지 않아 힘들다. A 상병이 후임들에게 자주 화를 내서 힘들다. B 일병이 지난번에 불침번 근무인데 나를 대신해서 근무 서줘서 고마웠다. 칭찬해주면 좋겠다 등. 용사들의 마음 편지에는 각자의 생각과 진솔한 마음이 그대로 담겨 있었다.

주변의 전우들로부터 칭찬을 받는 용사들은 상급 지휘관에게 보고하고 선행 정도에 따라 휴가증이나 외출증 등을 챙겨주었다. 잘하는 사람은 더 잘하라는 의미로 챙겨주니 부대 분위기도 좋아졌다. 문제는 마음의 편지에 '힘들다'고 적었는데 이름이 없는 편지들에 대한 조치였다. 이때부터 나는 나만의 프로그램을 가동한다.

나는 형식적으로 분기 단위로 나에게 하고 싶은 말을 쓰도록 했다. 왜냐면 3개월이면 인원들이 많이 전역하고 새로운 신병들이 많이 들어오기 때문이다. 그리고 백지에 그냥 익명으로 중대 발전을 위한 의견 같은 것을 받았는데 사실 익명은 익명이 아니다. 종이에 특수잉크를 발라서 누가 쓴 것인지 나만 알 수 있었다. 이런 편지를 모아 두었다. 이름은 없는데 힘들다고 적힌 편지를 보면 모아 두었던 편지와 글씨를 대조해서 대략 누군지 파악했다. 하도 여러 번 보다 보니 나중에는 글씨만 봐도 누군지 알게 되었다. 이렇게 대략 누군지 파악이 되면 나는 나의 비밀 요원, 중대 계원들을 투입시켰다.

나는 중대 계원을 뽑을 때 중대에서 제일 일 잘하고 다른 인원들과 모두 친한 인원을 꼭 선발했다. 그래야 중대의 모든 인원을 챙길 수 있기 때문이다. 또 이런 용사들이 계원이어야 나에게 바른말하고 충언을 해준다.

"관우야, 요즘 태학이 어떻게 지내냐? 도형이도 지난번에 몸 아픈 것 같던데, 걱정되네."

그러면 나의 비밀 요원들이 주변에 돌아다니며 최신 정보를 알려준다.

"중대장님, 태학이 얼마 전에 여자친구한테 차였답니다. 도형이는 몸이제 괜찮고 어제 축구도 했는데 아픈 데가 이제 없답니다."

이렇게 비밀 요원으로부터 최신 정보가 모이면 나는 하나씩 정리를 한다. 그리고 추가로 정보가 필요하면 용사의 부모님께도 전화를 드려 추가 정보를 얻는다. 그런 후 나는 그 인원이 있는 곳을 먼저 찾아가서 은근슬쩍 면담을 시도했다.

"태학, 괜찮냐? 요즘 힘들지? 여자친구와 헤어졌다던데 마음은 좀 추슬렀냐?" 이렇게 말을 하면 가끔 그냥 말없이 우는 경우도 있다. 그렇게 면담하면서 추가로 도움이 필요한 것이 없는지 확인하고 다독여주었다.

딸에게도 군대에서 했던 것과 비슷한 방식을 적용해보기로 했다. 먼저 아이가 좋아하는 노트에 일기나 편지를 쓰도록 했다. 기분이 좋은 날은 일기가 세 장이다. 그림도 그리고 색깔도 화려하다. 그런데 기분이 좋지 않을 때는 마지못해서 쓴다. 그런데 내용을 보면 뭐가 좋지 않은 것인지 돌직구로 적혀 있다.

'왜 나만 계속 양보해야 하는지 모르겠다.'

'내가 잘못한 건 알겠는데 엄마가 화를 내는 것은 너무 심한 것 같다.'

'아빠는 맨날 나만 야단친다. 약속도 잘 지키지 않는다.'

아주 구체적으로 쓰여 있다. 이걸 보면 아이가 어떤 감정이었는지 조금 이해할 수 있다. 이때 중요한 것은 절대로 일기장을 봤다고 해서는 안 된다. 그러면 아이는 다음부터는 내용을 쓰지 않는다.

다음 단계로 엄마나 맘시터 이모님, 선생님을 통해 아이의 특이사항을 확인했다. 내가 부대에 출근할 때는 맘시터 이모님께 부탁을 드렸다. 등교하면서 아이에게 '동생들과 관계는 어떤지, 어제 잠은 잘 잤는지.' 등을 물으면서 고민되는 것이 뭔지를 물어보면 아직은 아이가 어려 기회라고 생각했는지 자신의 이야기를 엄청나게 쏟아냈다. 엄마도 마찬가지다. 떨어져 있어도 통화를 하면서 항상 딸에게 힘든 게 없는지 답답한 게 없는지를 물어보면 아직은 속말을 하곤 했다.

주변 의견을 종합해보니 '딸은 동생들 때문에 아빠를 빼앗겼다.'라고 생각하고 있었다. 그리고 아빠가 딸에게 해주는 칭찬과 사랑은 정말 형식적이고 어쩔 수 없이 하는 행동으로 생각하고 있었다. 좀 충격이었다. 내가 그렇게 행동했나? 동생 때문에 스트레스가 있는 것은 알았지만 그것 때문에 아빠의 사랑이 가식이라고 생각한 건 좀 충격이었다.

쌍둥이 아들들이 있을 때는 딸과 둘만의 이야기를 하기가 쉽지 않다. 그래서 누나는 TV를 조금 더 보라고 이야기하고 쌍둥이를 조금 일찍 재우고서 거실로 나왔다. 딸은 자야 할 시간에 자기만 TV를 본다는 희열에 기뻐하고 있었다.

"딸, 재미있어? 아빠랑 같이 볼까?"

어색한 침묵이 흐른다.

"딸, 우유 한잔 마실래?"

부대에서는 면담을 수천 번을 했고 항상 자연스러웠는데 왠지 이 상황이 너무 낯설었다.

"예진아, 요즘 아빠한테 섭섭하지?"

그제야 TV를 멈추고 나를 쳐다본다. "아빠도 아빠가 처음이라서 잘 모르겠네. 동생들은 아무리 말을 해도 듣지 않고 항상 사고만 치니까 그래도 예진이가 아빠를 도와주니까 고마워." 이제 딸이 TV를 끄고 내가 있는 식탁으로 다가온다.

"제가 아빠를 도와준다고요? 뭘요?"

"네가 항상 양보하면서 참아주고 아빠가 부탁하면 다 들어주잖아. 아빠는 알아. 네가 요즘 동생 때문에 많이 힘들다는 거, 그리고 아빠가 너를 사랑 안 하는 것 같다고 생각하는 것도…."

딸이 그냥 울어버렸다. 무슨 서러움에 북받쳤는지 그냥 울음으로 대답을 대신했다. 꼭 안아주면서 토닥토닥 한참을 하고서야 아이는 울음을 멈췄다.

"동생들은 아무리 말해도 아빠 말을 알아듣지 못해. 어리니까, 그런데 예진이 너는 어른들의 말도 다 이해하고 아빠 마음도 알잖아. 아빠가 사실은 널 제일 사랑해. 말 안 듣는 애들이 예뻐? 아빠 마음도 다 알아듣는 애가 예뻐?"

"말 잘 듣는 아이요."

"당연하지, 동생은 말을 알아듣지 못하니까 달래는 거고, 너는 아빠 말을 다 이해하니까 예쁘고 사랑스러운 거야."

"진짜요? 전 아빠가 저만 안 좋아하는 줄 알았는데, 그게 아니에요?"

"당연하지."

나와 딸의 대화는 밤늦게까지 이어졌다.

지금도 가끔 딸과 이런 시간을 가진다. 주로 동생 때문에 스트레스라고 하지만 그래도 나에게 이런 속 이야기를 해준다는 것이 참 고마운 일 아닌가? 내가 사랑한다고 수백 번, 수천 번을 해도 받아들이는 딸이 '아빠는 또 형식적으로 그 말을 하는구나.'라고 느끼면 들을수록 상처였을 것이다. 그런데 지금은 내가 장난으로 밉다고 이야기해도 아이는 사랑으로 받아들인다.

살면서 경험하는 상황은 비슷하다. 문제는 아이가 이 상황을 어떻게 해석하고 받아들이는지가 중요한 것이다. 즉 아빠가 동생만 챙기는 것 같다고 느끼는 상황 속에서도 아빠는 사실은 '나를 더 좋아해.'라고 느끼게 하는 것. 그게 중요하다는 것이다.

07

아이는 나의 모습을 그대로 배운다

전입한 신병에게는 부대의 모든 것이 낯설다. 그래서 도움을 주기 위해서 통상 바로 위의 선임병들이 신병을 챙긴다. 그런데 나는 조금 다르게 했다. 같은 분대나 소대 내에서 제일 잘하는 사람이 그 신병을 챙기도록 했다.

물이 반쯤 찬 하얀 유리컵에 잉크를 한 방울 떨어뜨린다. 처음에는 실오라기처럼 피어나는 듯하더니 금방 내가 떨어뜨린 색깔대로 컵의 물 색깔은 변한다. 신병은 물이 반쯤 찬 유리컵과 같다. 갑자기 바뀐 환경 탓에 긴장하고 있는지라 뭐든지 가르치면 금방금방 습득한다. 마치 스펀지가 물을 빨아들이듯 그렇게 빠르다. 생각해보라. 제대로 된 것을 처음부터 흡수하면 문제가 없다. 그런데 잘못된 것을 빠르게 배우면 그것을 고치기는 쉽지 않다. 물에 처음부터 빨간색 잉크를 넣어야 하는데 파란색을 넣었다가 다시 빨간색으로 바꾸려면 엄청난 노력이 들어가는 것처럼 말이다.

세 아이와 하루를 보내다 보면 어느새 거실은 난장판이 된다. 장난감으로 발을 디딜 틈이 없거나 장난감을 가지고 놀다가 싸우면 나는 장난감을 정리하자고 이야기한다. 그런데 아이들은 나의 말을 듣지 않는다. 대답은 하면서도 행동하지 않고 계속 장난감 놀이를 하고 있다, 그러면 나는 숫자를 세었다.

"장난감 정리하자고 했는데 아무도 정리하지 않네, 다섯 안에 정리하세요. 정리 안 하면 아빠가 너희들 혼낸다. 하나, 둘, 셋, 넷, 넷 반, 넷 반의반, 다섯."

이렇게 숫자로 아이를 위협한다. 숫자를 세는 것이 아이들에게 좋은 게 아니라고 한다. 아내도 내가 숫자를 셀 때면 '아이들에게 압박감을 준다, 말의 내용은 욕을 하지 않은 거지만 숫자를 세는 행위가 욕하는 것과 똑같다.'라며 숫자를 세지 말라는 말을 자주 했다. 나도 아내의 말에 공감은 하는데 막상 비슷한 상황에 가면 일단 숫자부터 세고 있다. 이런 나의 행동은 아마도 무의식에서의 경험 때문인 것 같다. 내가 아주 어린 시절 나의 어머니는 나의 행동이 마음에 들지 않으면 나와 눈을 마주치고는 조용히 손가락을 접었다. 하나, 둘, 셋, 넷, 그리고 다섯. 하루는 이 다섯 손가락이 다 접힐 때까지 나는 어머니가 마음에 들지 않는 행동을 멈추지 않았나 보다. 이후에 나는 조용히 끌려가 엄청나게 맞고 왔다. 어머니는 손과 발을 이용해서 무차별적으로 나를 때렸다. 이날 이후 어머니가 다섯 손가락만 펴면 나는 깜짝 놀라 무조건 행동을 바꾸게 되었다.

어른이 되고 한 집의 가장이 되었지만 30년 전 그때의 기억이 아직 몸에 남아 있나 보다. 그러니 아이의 행동을 바꿔야 할 때는 의식에서 배운 것보다, 무의식에서 배운 것을 본능적으로 먼저 사용했다. 내가 나의 어머니에게 배운 숫자 세기를 내가 아이들에게 말이다. 나의 어머니의 행동을 그대로 따라 하는 나, 참 무섭다. 내가 모르는 또 뭐가 있을지….

나는 평소에 아이들을 '돼지'라고 장난처럼 불렀다. 아이 셋이 어릴 때 통통하게 살이 오른 모습이 너무 예뻐서 "아이고, 이 돼지들!" 하면서 이 말을 시작하게 되었다. 지금도 셋이서 놀고 있는 모습을 보면 마치 〈아기 돼지 삼 형제〉에 나오는 삼 형제 같다는 생각에 그렇게 불렀다. 내가 아이들과 장난을 친다. 아이가 도망간다. 그러면 나는 "이 돼지가!" 하면서 아이를 쫓아갔다.

나도 나이가 들면서 배가 나오기 시작했다. 먹으면 다 배로 살이 가는 것 같다. 아이들이 내가 자기들을 놀리니 아이들도 나를 놀린다고 이제 아빠도 돼지가 되었다며 "아빠도 돼지!" 하면서 나를 놀렸다. 그러다 보니 어느 순간부터 우리 집 안에서는 돼지란 말이 첫째를 부르는 말, 막내를 부르는 말, 장난칠 때 하는 말 등 다양하게 사용되었다. 그러다 보니 우리 가족은 우리 가족의 암호처럼 그렇게 편하게 사용했다.

하루는 아이들 손을 잡고 백화점에 갔다. 딸아이가 거품 목욕을 좋아해서 거품 입욕제를 사러 매장에 갔다. 상품을 둘러보고 있는데 매장 직원분이 도움을 주기 위해서 다가왔다. 그 순간 둘째가 매장 직원분에게 "이 돼지가!"라며 장난을 쳤다. 순간 정신적으로 혼란이 왔다. '이 돼지가!'라는 말은 내가 아이들과 집에서 장난칠 때 자주 하는 말인데 직원분에게는 절대 해서는 안 될 말이기 때문이다. 게다가 하필이면 직원분이 매장에서 좀 덩치가 있으신 분이셨다. 직원분은 그 말을 듣자마자 두 눈을 감고 크게 한숨을 쉬셨다. 금방이라도 눈물을 쏟을 것 같았다. 직원분께 사과드리고 아이를 급하게 매장 밖으로 끌고 나왔다. 아이는 무엇을 잘못했는지 모르는 눈치다. 아빠가 야단을 치니 뭐가 잘못된 것 같다는 것을 느끼고 일단 울기 시작했다.

백화점에서의 말실수는 아이의 잘못이 아니다. '이 돼지가'라는 말을 먼저 쓴 것도, 아이들이 사용해도 웃으며 받아준 것도 다 내가 잘못한 것이다. 매장을 나올 때 울먹거리던 직원분의 모습이 너무나도 선명하게 자주 떠오른다. 그날 이후 돼지란 말을 나는 고쳤다. 누군가에게 상처 주기 전에 고쳤으면 좋았을 것을…. 너무나 미안하고 죄송스럽다.

나는 얼마 전 나의 딸이 동생들을 야단치는 것을 보고 깜짝 놀랐다. 분명 딸아이인데 야단치는 모습은 나와 똑같았다. 마치 작은 내가 거기에서서 그대로 말하고 있는 것 같았다.

"예성이, 예준이 너희 왜 그랬어? 왜 누나 허락 없이 물건을 가져갔니? 누나는 다 알고 있다. 그러니 솔직히 말해라."

딸이 동생을 다그치는 말에서 누나와 아빠라는 단어만 바꾸면 내가 하는 말과 똑같았다. 딸이 동생을 혼내는 모습이 마치 나의 모습을 연기하는 것인 줄 알았다. 그래서 왠지 어색하고 이상했다.

내가 '저렇게 야단치는구나!' 싶어 미안하기도 했다. 또 분명 나는 저런 모습을 가르치고 싶지 않았다. 그런데 아이는 벌써 행동으로 표현하고 있다. 내가 나의 어머니로부터 배운 손가락 세는 것처럼 잘못된 나의 행동이 아이들의 무의식에 이상한 것을 심어준 것 같아 혼란스러웠다.

"어휴, 동생들, 얘들은 잘해주려고 하면 꼭 하나씩 사고를 친다니깐!"

하며 혼잣말을 하는 딸. 이건 아내가 즐겨 사용하는 말이다. 딸은 이제 나의 말과 아내의 말을 자유롭게 사용하고 있다.

부대에서 흔히 간부들을 '어항 속의 금붕어'라고 표현한다. 장교든 부사관이든 상관없이 부하들은 상관을 주목한다. 그 사람의 말, 행동 하나하나를 주목한다. 그 말과 행동의 무게가 군에서는 나침반 같은 존재이기 때문이다. 그래서 말을 조심하고 행동을 더욱 조심하라고 일컫는다.

내가 아이들과 함께하는 시간이 많아지면서 여기도 부대와 같은 곳이라고 많이 느낀다. 나는 장교고 아내는 부사관이고 아이들은 용사들이다. 전부 나의 말과 행동에 집중하는 것 같다. 내가 하는 말, 엄마가 하는 행동, 아이들은 유심히 지켜보면서 똑같이 하려고 한다.

나는 자꾸 나를 닮아가는 아이를 보면서 섬뜩하다. 나의 좋은 점만 닮아가면 좋으련만 나의 나쁜 점도 닮아가는 아이들이 싫다. 나처럼 고생할까 싶어서 싫다.

자식은 절대로 부모의 그릇 크기를 넘지 못한다고 한다. 나의 그릇에 내용물이 가득 차 있을지 비어 있는지는 아직 잘 모르겠다. 그런데 적어도 아이들이 바르게 살게 하기 위해서라도 나의 사람의 크기는 열심히 키워야겠다는 다짐을 한다. 그러면 적어도 나의 나쁜 모습보다는 좋은 모습을 좀 더 배울 수 있을 테니 말이다.

08

나를 알아야 육아가 쉬워진다

'너 자신을 알라.' 하면 많은 사람이 소크라테스를 생각한다. 그런데 나는 이 문구를 보면 내가 데리고 있었던 홍 이병이 항상 생각난다. 하루는 마음의 편지함에 자신은 잘못한 게 없는데 선임병들이 자신을 괴롭힌다는 편지가 들어 있었다. 그래서 나는 사실을 확인했다.

홍 이병은 전입한 지 3주가 되어가는데 항상 저녁 청소 시간만 되면 생활관에서 사라졌다. 한참 뒤 나타난 홍 이병에게 선임병들이 어디 갔다 왔냐고 물었다고 한다. 하지만 홍 이병은 항상 제대로 말하지 않았다. 그런 일이 계속 반복되었다고 한다. 선임병들은 계속 그러지 말라고 여러 번 이야기했다고 한다. 하지만 홍 이병의 사라짐은 계속되었다고 한다.

선임병들도 결국 화를 내기 시작하는 단계가 되었다. 선임병들의 추궁 강도가 세지자 홍 이병은 겁이 났단다. 그래서 마음의 편지에 힘들다고 글을 쓰게 되었고 그래서 내가 확인하게 된 것이다.

나는 홍 이병을 불러 개인 면담을 했다. 그리고 도대체 청소 시간에 어디 갔다 왔냐고 물어보았다. 홍 이병은 항상 화장실에 숨어 있었다고 했다. 나는 이해가 되지 않았다. 왜 화장실에 숨어 있었냐고 다시 물어봤다. 그랬더니 청소가 끝나면 야간에 전달사항을 행정반에서 전파를 하는데 자기는 무슨 말인지 몰라서 항상 숨어 있었다고 한다. 내용을 들어보니 우습기도 하고, 홍 이병이 이해가 안 되기도 하고 조금 독특하다 싶었다.

이런저런 이야기를 계속하다 보니 홍 이병이 한글을 아직 제대로 몰라 글을 쓰고 읽는 것이 조금 불편하다는 것을 알게 되었다. 그러다 보니 부대에서 전파사항 등이 있을 때 자신이 글을 모른다는 사실이 주변에 알려질까 봐 두려워 저녁 청소 시간마다 화장실에 숨어 있었던 것이었다. 요즘 시대에 글을 모르는 20대가 있다니 나는 깜짝 놀랐다. 하지만 내색하지 않았다.

홍 이병을 다른 인원들도 수긍할 수 있을 만한 명분을 만들어 내가 관리하는 다른 소대로 조용히 옮겼다. 그리고 교육대학 출신의 용사 한 명에게 상황을 설명하고 1:1 과외 선생님으로 붙여 주었다. 그리고는 남들 눈을 피해서 조용히 한글을 가르쳤다. 얼마 뒤, 홍 이병은 한글을 다 알게 되었다. 읽고 쓰는 데 문제가 없어지자 숨고, 피하고, 두려워하지 않고 열심히 군 생활을 하다가 전역을 했다.

결국 자신이 한글을 모른다는 것이 문제였는데 다른 사람이 자신을 힘들게 한다고만 생각했던 홍 이병을 보내면서 난 이런 생각을 했다. '결국 나를 알아야 하고, 나의 문제를 해결하거나 개선하게 되면 힘들다고만 생각했던 현실이 분명히 달라진다는 것'을 말이다. 이 일 이후로 내가 바뀌지 않으면 아무것도 바뀌지 않는다는 문구를 나는 휴대전화에 저장하고 항상 나에게서 문제를 찾으려고 한다.

아이들과 함께 지내는 시간이 늘어나면서 나도 아이를 통해서 배우는 것이 많았다. 아이들이 나의 칭찬에 목말라 한다는 것, 딸아이가 자신을 사랑하지 않는다고 오해하고 있었던 것, 그리고 결국 아이들이 나와 아내의 모습을 조금씩 닮아가고 있다는 것, 이런 것을 하나하나 깨닫고 오류를 바로 잡아가며 나도 점점 진짜 아빠로 성장하고 있다고 느꼈다.

나를 닮아가는 아이들을 보면서 이런 생각을 했다. 나는 가난, 고통, 힘듦, 어려움, 이런 단어를 사랑한다. 너무나도 어린 시절부터 나와 함께 해 왔던 익숙한 단어들이기 때문이다. 그런데 이 단어들이 나의 아이들과 함께하기를 원한다면 나는 거절하고 싶다. 그것은 너무나도 힘든 길임을 알기 때문이다. 그래서 나는 가난한 의식을 빨리 벗어던지기로 했다. 내가 가난한 의식을 하고 있으면 아이들도 가난한 의식을 배울 수 있기 때문이다. 진심으로 아이들이 나의 좋은 점을 많이 닮아가는 것보다는 나의 나쁜 점을 제발 적게 닮았으면 좋겠다.

나의 나쁜 점을 줄여야 한다. 그러기 위해서는 나의 나쁜 점을 찾아야 한다. 어떻게 하면 찾을 수 있을까? 나는 계속 고민을 하고 있었다. 이때 나의 경제 분야 코치이신 〈한투협〉 김이슬 대표님이 자신의 나쁜 점을 정확하게 알아내는 비법을 알려주셨다.

첫째, 주변인들이 나에게 하는 말을 곱씹어 떠올려보라. 닐 도날드 월시라는 미국 작가의 『신과 나눈 이야기』라는 책에 "우주의 기운은 자신이 부족한 부분을 다른 사람을 통해서 정확하게 알려준다"라고 적혀 있는데 많은 사람이 그의 말에 동의한다는 것이다.

둘째, 다른 사람의 단점이 크게 보이는 것은 나도 그 단점을 가지고 있기 때문이다. 그 단점을 알기에 보이는 것이지 보이지 않는다면 신경 쓰지도 않는다.

셋째, 내가 가장 싫어하는 사람의 모습을 생각해보라. 좋은 것보다는 나쁜 것은 쉽게 전염된다. 내가 그 사람을 싫어하는 마음이 강할수록 더 쉽게 더 강하게 전염된다. 이미 나에게 옮겨져 있을 수도 있다. 그러면서 앞의 3가지를 하나씩 따져보고 공통으로 드러나는 것이 있다면 이것은 나도 모르게 가지고 있는 나의 나쁜 모습이라는 것이다. 그래서 나는 하나씩 살펴보기 시작했다.

먼저 다른 사람을 통해서 나를 한번 살펴보았다. 나는 꼼꼼하게 일하는 것을 좋아한다. 계획을 세우고 하나씩 차근차근 해나가는 편이다. 하나의 프로젝트를 맡으면 끝까지 물고 늘어져서 성과를 낸다. 반면 나는 신속하게 결정하는 데 고심이 많은 편이고, 사랑을 표현하는 데 능숙하지 않았다. 그리고 좋은 사람과 좋아하지 않는 사람을 은연중에 구분하고 싫으면 싫은 감정을, 좋으면 좋은 감정을 얼굴에 드러내는 특징이 있었다.

다음으로 크게 보이는 다른 사람의 단점이 무엇인지 살펴봤다. 나는 말이 앞서는 사람을 싫어했다. 말로는 다하는 것처럼 하면서 막상 실상을 따져보면 거품인 경우가 많았기 때문이다. 내가 아는 한 항공 선배는 마치 자신이 모든 업무를 다 하는 것처럼 주변에 떠들고 다니면서도 정작 자기 분야의 기초도 헷갈리는 사람이었다.

세 번째 내가 가장 싫어하는 사람은 3가지 부류다. 첫 번째 부류는 폭언하는 사람이었다. 그분은 남에게 상처 주는 말을 자신은 아무렇지 않게 하는 사람이었다. 나도 그 사람에게 큰 상처를 받았었다. 두 번째 부류는 순간적으로 자주 욱하는 사람이었다. 그분은 욱하면 앞뒤 가리지 않고 자신의 감정을 내뱉었다. 그리고 시간이 지나 안정이 되면 자신의 행동을 후회하고 다시는 그러지 않는다고 약속했다. 하지만 그분은 또 욱했다. 역시 사람은 변하지 않는다. 세 번째 부류는 자신의 기준으로 남을 엄격하게 통제하려는 사람이었다. 이분은 자신만이 오직 최고이고 다른 사람은 아무것도 아니라고 생각하는 그런 사람이었다. 매번 자기를 자랑하는 데는 아낌이 없었지만 남을 칭찬하는 것은 본 적이 없다. 나중에는 타인에게 '너는 나의 일을 위해 존재하는 수단일 뿐이다.'라는 인상도 남기는 분이었다. 그리고 상처 주고는 내가 한 말은 다 너를 위해서라면서 그냥 잊으라고 말했다. 그러면서 남이 그분에게 싫은 소리 하면 가슴에 담아두고는 '그래 두고 보자.' 하셨다.

이렇게 정리해보니 나란 사람, 참 문제가 많은 것 같았다. 그러면서 이런 생각도 했다. '내가 언제 이렇게 나를 정리해볼 것인가? 우연히 찾아온 이 기회가 어쩌면 나의 단점을 개선하는 좋은 기회가 될 것이다. 그러면 적어도 나의 아이들에게는 조금이라도 나의 나쁜 점을 적게 줄 수 있지 않겠나' 하고 긍정적으로 생각하기로 했다.

나의 나쁜 모습을 공통으로 정리해보니 참 어이없게도 지금 내가 하는 나의 모습과 많이 비슷했다. 나는 나도 모르게 아이들에게 소리치고 있었다. 아이가 세 명이라 갑자기 무슨 일이 생길지 모른다. 그래서 아이를 조금이라도 더 안전하게 통제하기 위해서라는 명분을 만들어 나는 아이들에게 소리를 치고 있었다. 그리고 나도 잘 참기는 하지만 아이의 행동을 보다가 계속 반복되면 결국 욱하는 경우가 많이 있었다. 게다가 나는 좀 엄격하게 아이를 키우려고 했다. 변명하자면 아이가 천방지축으로 행동하지 않고 바르게 크기 위해서는 적절한 훈육을 해야 한다고 생각했다. 그런데 지금 생각해보니 아이로선 너무 답답하고 힘들 수도 있을 것 같았다. 나의 기준으로 아이를 그 틀에 넣으려 했기 때문에 말이다. 그리고 나는 사랑하는 것에 대해 표현이 매우 서툴렀다. 사실 나는 사랑을 받는다는 법을 잘 몰랐고 그래서 사랑을 주는 법을 잘 몰랐던 것 같다. 어쩌면 아이에게 사랑 주는 법을 배워야 할지도 모를 만큼 말이다. 이런 나의 나쁜 모습을 지금부터 조금씩 바꿀 것이다. 반드시.

아이에게 야단을 쳐봤자 의미가 없다. 아이는 나를 보고 자라기 때문이다. 아이를 야단쳐야 한다면 먼저 나를 야단치는 것이 맞다. 내가 그렇게 했기 때문에 아이도 그렇게 배운 것이기 때문이다. 멘티는 멘토를 따라간다. 아이들의 멘토는 부모다. 멘토가 바르게 정직하게 제대로 살아야 아이가 제대로 살 수 있다. 콩 심은 데 콩 나고 팥 심은 데 팥 나는 것이다. 나이 사십에 수신(修身)이라는 단어를 다시 떠올린다. 나를 제대로 갈고닦아야 기준이 된다. 내가 기준이 되어야 아이를 지도할 수 있다. 그래야 육아가 쉬워진다. 기준이 없는 육아는 목적지 없이 바다에 정처 없이 떠 있는 배와 같다.

3장

아빠 육아로

아이들이

변하기 시작했다

01

아이의 연약한 감정을 다치지 않게 하기

아이를 키워본 사람은 안다. 아이의 감정은 정말 맑기도 하지만 별것 아닌데도 쉽게 깨진다. 정말 새하얗고 얇은 유리 같다고 해야 할까? 아이들의 감정은 토마토와도 비슷한 것 같다. 토마토는 겉이 빨갛게 익으면 속도 빨갛고, 겉이 초록이면 속도 초록이다. 어릴수록 자신의 감정을 숨길 줄 모르는 탓에 좋으면 '좋다, 사랑한다'고 말하고 싫으면 '싫다, 미워', 그게 아니면 울음으로 대신한다. 일부 아이들은 말을 숨기지만 그 얼굴에는 100% 감정을 드러낸다.

아이는 감정이 다치면 그 자리에서 바로 멈춘다. 어른들이 말하는 하나에 그냥 '꽂힌다'와 비슷하다. 문제는 아이의 감정이 멈추면 쉽게 벗어나지 못한다는 것이다. 자꾸 그 틀에 자신을 스스로 가두어버리기 때문이다.

첫째 딸이 국어를 좋아했다. 워낙 말하는 것을 좋아했고 쓰는 것도 좋아해서 입학할 때는 글도 다 익힌 상태였다. 그런데 초등학교 받아쓰기 시험을 치면 항상 60~70점을 받았다. 받침이 틀리거나, 띄어쓰기가 틀린 경우가 대부분이었다. 나는 잘했다고 칭찬했지만 아이는 자존심이 상했나 보다. 집에서 자신은 국어 박사라고 이야기하는데 박사의 점수가 낮았으니 부끄러운 듯했다.

다음 날 시험이 있으면 꼭 그날은 혼자 스스로 공부를 했다. 그런데 항상 결과는 비슷했다. 이제 국어 박사라는 말은 사라졌다. 해도 안 된다며 재미가 없다고 했다. 시간이 지날수록 점수는 30~40점대로 떨어졌다. 아이는 국어 공부는 해도 결국 안 되는 것으로 스스로 답을 정해버렸다.

부산으로 전학을 왔다. 하루는 딸이 수학 시험을 쳤는데 92점을 받았다고 했다. 난 깜짝 놀랐다. 국어보다 훨씬 못하는 게 수학이었다. 30점만 받아와도 최고라며 커다란 반응과 함께 칭찬을 해줬다. 그런데 92점이라니 갑자기 머리가 틘 건가? 호들갑을 떨며 시험지를 살펴보니 사실 비밀이 하나 있었다.

10문제를 출제했는데 선생님이 기본점수로 90점을 깔고 시작한 것이다. 92점이면 결국 2개를 맞은 것이다. 예전과 수학 실력이 변화된 것은 없다. 다만 기본점수가 높으니 92점이란 점수가 나온 것이다. 그런데 아이는 너무 행복해했다.

"아빠, 저 수학 잘하죠? 아빠는 학교 다닐 때 수학 몇 점 받았어요?"

너무 좋아하니까 기본점수란 말을 할 수 없었다. 아니 하고 싶지 않았다. 상처 될 것 같았기 때문이다. 때로는 모르는 게 약이 될 수 있으니까.

"아빠는 학교 다닐 때 수학 90점도 받아본 적이 한 번도 없어."
"너는 어떻게 90점을 넘기냐? 너 치사하게 몰래 공부한 거 아냐?"

딸의 수학 점수는 다음에는 95점, 96점 이런 식으로 조금씩 점수가 높아져갔다. 어른의 기준으로 보면 이제 50~60점으로, 잘하는 수준은 아니다. 하지만 아이의 기준으로는 자신은 못해도 95점은 받는 사람이라고 여기게 되었다. 주어진 현상은 똑같지만 이를 받아들이는 사람이 어떻게 해석하는가에 따라 엄청난 결과의 차이를 발생시킨다. 선생님은 시험 점수를 아이가 해석하기 좋게 아이의 점수법으로 계산해서 표현해준 것이다. 아이의 연약한 감정을 다치지 않게 하려고. 참 대단하신 선생님 아닌가?

신병이 오면 나는 부모님과 분대장과 연계해서 관리했다. 먼저 부모님과는 무조건 직접 통화했다. 될 수 있는 대로 두 분 모두 통화를 하려고 했다. 제한되면 한 분은 꼭 통화하고 기록에 남겼다. 부모님과 통화하는 이유는 2가지다.

첫 번째 이유는 신병에 대해서 좀 더 자세히 알기 위해서다. 내가 신병을 본 것은 며칠이 안 된다. 하지만 부모님은 20년을 함께 살았으니 아무리 자식에게 관심 없다고 해도 신병에 대해서는 가장 많이 아는 전문가다. 그래서 이때 신병의 과거 상처나 아픔을 확인했다.

두 번째 이유는 가정과 연계한 관리를 위해서다. 부모와 자식 간의 관계가 좋다면 장병들은 개인이 어렵고 힘든 건 대부분 부모님께 이야기하게 되어 있다. 특히 요즘의 MZ세대는 더 그러하다. 나는 용사들이 혹시 힘든 점을 이야기하면 나에게 꼭 알려달라고 도움을 구했다. 거의 모든 부모가 이런 전화를 받으면 일단은 안심하게 된다. 그리고 자녀의 신상에 대해 남들이 모르는 많은 정보도 알려주셔서 부대 관리 시 참고할 것이 많았다.

분대장(팀장)이 모르는 분대원(팀원)의 병영 생활은 있을 수 없다. 만약 모른다면 바꿔야 한다. 분대장을 통해서 자연스럽게 개인의 특이사항이나 고민거리를 알게 되면 나는 메모해서 정리해둔다. 그리고 문제를 해결하는 방법을 먼저 정리해서 면담했다.

내가 먼저 자신에 고민에 관해 이야기를 꺼내고 답까지 알려주면 대부분 깜짝 놀란다. 그리고 어떻게 아셨냐고 되물어본다. "나 너한테 관심 많아. 그리고 항상 묵묵히 잘해줘서 고맙다. 힘내."라고 답해준다. 이런 게 반복되다 보니 부대의 분위기가 점점 좋아졌었다.

'내가 아무리 능력이 좋아도 절대로 모든 것을 다 알 수 없다.' 가정과 분대장과 연계해서 장병들을 챙기는 이유다. 그래야 나를 믿고 따르는 소중한 장병들을 챙길 수 있다.

나는 아이를 잘 몰랐다. 솔직히 고백하는데 돈만 벌어다 주는 사람이었다. 그래서 내가 모르는 아이의 모습을 알기 위해 부대에서 하던 것처럼 담임 선생님, 어린이집 선생님, 아이의 학원 선생님들께 연락을 드려 도움을 구하기로 했다. 도움을 구하는 제일 좋은 방법은 먼저 커피 쿠폰을 하나 보내는 것이다. '날씨가 더운데 아이들 챙긴다고 고생이 많으시다. 항상 감사하다.'라는 메모 정도를 남기고 말이다. 그리고 전화 통화를 하면 대접이 다르다.

그게 여의치 않으면 선생님이 여유 있는 시간에 전화해서 '어제 아이와 밥을 먹는데 아이가 선생님이 너무 좋다고 했다. 어린이집에 가는 게 재미있다고 말하더라. 어떻게 하는 것이냐. 비법이 궁금하다.'라는 말로 시작하면 편안한 분위기에서 내가 궁금한 아이의 평소의 모든 것을 다 알 수 있다. 나는 선생님들이 말한 것을 다 정리해두었다.

아이가 오면 나는 하얀 거짓말을 할 준비를 한다.

"너 국어 시간에 꿈 발표 너무 잘했다며, 대단하다."

딸이 눈을 동그랗게 뜨며 당황해한다. "아빠가 그걸 어떻게 알아요?" 분명 학교에 아빠가 온 적이 없는데 알고 있다니 신기한 듯 나를 쳐다본다. "아빠는 다 알고 있어. 네가 평소에 어떻게 지내는지도 다 알아!" 딸은 반신반의한다.

"선생님이 너 잘한다고 칭찬도 하셨어, 그래서 아빠는 기분이 너무 좋아."

선생님이 자기를 칭찬했다는 말에 딸은 고개를 갸우뚱하면서 말한다. "선생님이 저한테 잘한다고 말하지 않았는데요?" 나는 당황하지 않고 자연스럽게 말한다.

"당연하지, 친구들이 많은데 거기서 너를 칭찬하면 다른 친구들이 질투하잖아."

"예쁠수록 모른 척하는 거야. 아빠 봐! 아빠는 다 알고 있지만 모른 척

하고 지내잖아. 오늘처럼 기분이 너무 좋을 때만 칭찬해주고. 선생님 마음도 아빠 마음이랑 똑같아. 그러니까 너도 선생님 마음을 오해하지 말고 자신 있게 해!"

하얀 거짓말을 하고 나면 선생님과 아이에게 미안한 마음이 들 때도 있다. 사실과 다를 수도 있으니까 말이다. 하지만 세상을 진실로만 살기보다는 때로는 거짓말을 진실로 알고 사는 것도 좋을 때가 있다. 결국 중요한 것은 아이의 연약한 감정이 다치지 않아야 한다는 사실이니까 말이다.

02

아이에게 사랑한다고 말하자 바뀌는 것들

통화 연결음이 울린다. 갑자기 긴장된다. 잠시 뒤 전화가 연결되었다.

"안녕하세요. 저는 김O수 이병과 함께 군 생활을 하는 중대장 심창우라고 합니다."

이 말이 끝나고 나면 나는 가슴이 두근두근한다. 전화를 타고 전해오는 김O수 이병 부모님의 첫 마디를 기다리는 것이다. 이 순간이 가장 중요하다. 귀를 쫑긋하고 집중한다.

"네, 그런데요." 나는 조용히 신병의 생활기록부에 살며시 하트를 두 개 그린다. '상황 종료.' 이후에는 아들을 잘 살피겠다는 나의 약속, 부모님이 궁금한 점, 내가 부탁드릴 점 등으로 통화는 마무리된다.

통화를 하면 "네, 안녕하세요. 중대장님." 하고 연신 반갑다는 감정을 목소리에 실어 보내는 부모님이 많다. 그런데 최근에는 "네, 그런데요." 하고 담담하게 이야기하는 분들이 점점 많아지는 것 같다. 서로 다른 인사말은 현재 부모님과 아들과의 친밀도 관계라고 보면 거의 정확하다. 20년을 애지중지 키우던 아들이 군에 가서 연락이 안 되었는데 '잘 지낸다'는 말을 듣는 순간 얼마나 기쁘겠는가? 그런데 담담하다면 부모와 자식 사이에 보이지 않는 벽이 있다는 뜻이다. 그래서 감정을 실을 수가 없는 것이다.

부모님과 관계가 좋은 용사들은 아무래도 빨리 적응한다. 반면 관계가 원만하지 않은 용사들은 얼굴이 좀 어둡고, 긴장이 많은 편이다. 그래서 내와 주변에서 좀 더 챙기고 사랑을 나누자는 의미로 하트를 그리는 것이다.

부모와 자식 간의 친밀도 흔히 '애착'이라고 하는 것이 중요하다. 나는 너무나도 많은 사례를 겪어봤기 때문에 중요한 것을 안다. 그런데 나는 아이들과 어느 정도의 애착 관계를 형성하고 있는지 몰랐다. 애착 형성하는 방법도 몰랐으니 결과를 묻는 것도 창피하다.

아이들이 어릴 때는 항상 그랬다. 내가 일찍 나가고 늦게 들어오다 보니 계속 보고 싶고 업무 중에도 수시로 상상하곤 했다. 아침에 출근할 때면 굳이 아이들 볼에 뽀뽀하고 머리도 쓰다듬어주고 나왔다. 특히 내가 전방에 근무할 때는 더 그랬다. 비무장지대를 들어가는 경우가 많았는데 그래서인지 오늘 보는 아이들 모습이 마지막이 될 수 있다는 생각에 아이를 꼭 매만지고 왔었다.

그런데 아이들이 조금씩 커갈수록 분명 마음이 없는 것은 아닌데 행동은 그러질 못했다. 나도 어머니 없이, 무뚝뚝한 아버지 밑에 자라면서 '사랑한다'는 말을 거의 들어본 적이 없다. 아내에게서나 들어봤던 것 같다. 그러다 보니 들어보지 못한 말을 하기가 쉽지 않았다.

하루는 둘째가 나에게 "아빠의 사랑을 받아줄 수 없어."라고 이야기했다. 갑자기 무슨 말인가 싶었다. "왜, 아빠의 사랑을 받아줄 수 없어요?" 하고 되물어보았다. "음, 그건 아빠는, 음. 우리한테 사랑한다고 말도 안 하고, 음, 안아주지도 않고, 음, 좋아한다고도 안 하니깐."이라고 말했다. 갑자기 당황스러웠다.

옆에 있던 막내가 말을 받는다. "맞아, 나도 아빠의 사랑을 받아줄 수 없어. 아빠는 우릴 사랑한다고 안 하면서, 누나에게도 사랑한다고 말 안 하고, 엄마에게도 안 하고. 가족한테 사랑한다고 안 하잖아요." 나는 아니라고 변명해보지만 아이들 기억 속에는 그렇게 박혀버린 것 같았다.

"아닌데 아빠도 너희 다 좋아해." 사랑한다는 말을 써서 급하게 변명해야 한다. 그런데 이 와중에도 나는 사랑이란 단어를 쓰지 못하고 좋아한다는 말을 쓰고 말았다.

"선생님이 가족끼리는 서로 사랑하는 거래요. 그래서 사랑한다고 하고 안아주고 한대요. 근데 아빠는 우리한테 안 하잖아요."

'마음이 없는 건 아닌데…. 마음은 없는 거 아니야.' 하며 나는 속으로 외쳐보지만 입 밖으로 뱉어지지 않았다. 아이의 말이 다 맞는 말이다. '형식이란 때로는 존재의 표현'이라는 말이 있다. 마음이 중요한 건 맞지만 나의 마음을 표현하지 못하면 오해를 사게 된다. 사랑은 하지만 사랑한다고 표현하지 않으니 아이에게 오해를 받게 된 것이다. 다 내 잘못이다.

그래서 표현하기로 했다. 근데 어색하다. '사랑해.' 말하는 것도 어색하고 안아주는 것도 이상하다. 아이들이 잘못했을 때 순간적으로 소리친다. 정말 0.001초의 망설임도 없이 조건 반사적으로 튀어나온다. 그런데 '사랑해.'라는 말은 속으로 천 번을 외쳐도 한 번 입 밖으로 나오질 않았다. 돌이켜 보니 나는 아이들에게 참 '이기적인 사랑'에 익숙한 사람이었다. 내가 준 사랑은 표현이 없는 마음뿐이었다. 그 마음도 아이들이 다 알아서 이해하고 감사해할 거라 여겼다.

실행이 답이다. 그냥 안았다. 아이들이 도망갔다. 아빠가 이상하다면서 소리를 지르면 도망간다. 뽀뽀하자고 했더니 더럽단다. 나는 그냥 깔깔거리며 웃었다. '아빠가 더러워서 뽀뽀를 못 하겠다.'라면서 '경찰 아저씨, 우리 아빠가 이상해요.'라고 한다. 그렇게 장난을 치면서 안고 쓰다듬고 하다 보니 이제는 나도 꽤 자연스럽게 안고 사랑한다고 말하게 되었다.

매일 안아주고, 머리 쓰다듬어주고, '사랑해요.'라고 이야기하다 보니 어느 날 저녁에 막내가 나를 안으면서 말했다

"아빠, 많이 힘들면 나한테 기대요. 내가 안아줄게요." 나는 그냥 눈물이 계속 흘렀다.

애들도 다 안다. 부모의 마음을. 아니 애들이 더 잘 안다. 나는 사랑한다고만 말했는데 아이들은 내가 어디가 좋은지 아픈지를 다 알고 있다. 그리고 만약 내 마음이 아프면 살며시 보듬어 치료도 해준다. 과학으로 설명할 수 없는 마법이다.

매일 등교, 등원 전에 아침밥은 먹지 않더라도 안아주고 '사랑해요.'라는 말은 꼭 한다. 그러다 보니 몇 가지 자연스럽게 바뀐 것이 있다.

첫 번째 변화는 아이들이 아빠를 믿기 시작한 것이다. 예전에는 자기

들이 요구하는 것을 내가 들어주면 그냥 좋아하고, 들어주지 않으면 무조건 떼를 썼다. 아빠 말은 거짓말이라는 것이다.

한 번은 이런 일이 있었다. 약국에 가면 장난감 속에 든 비타민이 있다. 아이들은 비타민보다 장난감에 끌려 사달라고 한다. 그런데 약국의 장난감은 금방 부서진다. 속에 든 비타민도 너무 딱딱해서 아이가 먹기에는 적절하지 않았다. 그래서 사주지 않는다. 예전에는 안 사준다고 울며불며 떼를 썼다. 그런데 이제는 "이것 말고 다른 것으로 하자."라고 하면 그냥 들었던 물건을 놓는다. 아빠가 안 된다고 말하는 이유가 분명 있다고 생각하는 것이다.

두 번째 변화는 아이들이 아빠가 세 명 모두를 똑같이 사랑한다고 느끼는 것이다. '열 손가락 깨물어 안 아픈 손가락 없다.' 아이들은 항상 누가 제일 좋은지를 물었고 "다 좋아."라는 대답은 항상 자신을 제외한 다른 사람이라고 생각했던 것 같다.

첫째 딸은 아빠는 항상 쌍둥이 동생만 좋아하고 자기에게는 '양보해라, 참아라'만 한다고 했다. 둘째는 아빠는 항상 쌍둥이 동생만 좋아하고 예뻐한다고 생각했다. 그리고 막내는 아빠는 누나만 우리 집 대장이라며 항상 1등으로 챙겨줬다고 인식하고 있었다. 세 명 모두 항상 아빠의 사랑이 고팠다. 하루에 한두 번 안아주었을 뿐인데 아이들은 아빠는 자기를 제일 좋아한다고 느끼기 시작했다.

세 번째 변화는 내가 조금씩 바뀌게 되었다는 것이다. 처음에는 모든 것이 짜증이 났다. '내가 왜 이렇게 살아야 하지? 집안일이 왜 이렇게 많은 거야. 끝이 없다. 너무 힘들다.'라고 생각했는데 이제는 힘들다고 여겨지지 않는다. 그냥 나에게는 고맙고 소중한 일상이다.

하루 중 제일 좋은 시간이 있다. 아이들을 등원시켜놓고 집을 치우고 잠시 앉는다. 네스카페 커피 한 잔을 내린다. 그리고는 그냥 아무 생각하지 않는다. 어제저녁에 아이들이 하던 이야기, 아침에 안아주면서 아이와 장난친 것들을 생각하면서 그냥 감사히 생각한다. 언제 내가 다시 또 이런 시간을 가질 수 있을 것인가? 아이들은 생각보다 빨리 큰다.

둘째한테 물었다. "예성아, 사랑이 뭐야?" 그러자 좋아하는 거라고 대답한다. 그러면 좋아하는 건 뭐냐고 물어본다. "좋아하는 거는 빨간색이랑 노란색이랑 파란색이랑 다 같이 있는 거." 질문을 바꿔서 다시 물어본다. "예성아, 사랑은 무슨 색이야?" 아들은 1초의 망설임 없이 무지개색이라고 답한다. 핑크가 나올 줄 알았는데 의외의 답이다.

"왜 무지개색이야? 한 번만 가르쳐주라."

"에이, 아빠는 그것도 몰라. 무지개색은 빨강도 있고, 노랑도 있고, 파랑도 있고 다 있잖아. 내가 좋아하는 색이랑 안 좋아하는 색이랑 다 같이 있어서 한 개로 모이면 예쁘잖아. 가족도 싸울 때도 있지만 다 같이 있으면 사랑하는 거라면서….”

사랑한다는 말 한마디 못 하던 내가, 사랑을 말하고 이제 사랑하는 법을 배운다. 고마워 얘들아!

03

아이와의 관계를 바꾸는 작은 습관

아이와의 관계를 조금 변화시키고 싶었다. 내가 잘하는 아빠가 되겠다는 것이 아니다. 아무리 잘한다고 해도 아이를 만족시킬 순 없다. 나는 아이들이 아빠를 생각하면 적어도 싫다는 감정이 들지 않는다면 성공이지 않을까 생각했다.

지난번 밤에 딸과 '어떻게 하면 우리 집이 더 행복할까?'라는 이야기를 나눴다. 딸이 "아빠, 우리 집도 규칙이란 걸 만들면 어때요?"라고 했다. "규칙? 어떤 규칙을 말하는 거야?" 아이 입에서 나온 의외의 답에 궁금했다. "친구들도 집에 하나씩 규칙이 있대요. 신발 정리하기, 장난감 치우기 이런 거요." 딸을 통해 듣는 새로운 정보에 귀가 솔깃했다.

가끔 아이들이 말했다. "아빠는 왜 자기 마음대로 해."라고. 통상 TV를 볼 때 그런 일이 많았다. 분명 조금 전까지도 아이들이 보고 싶은 어린이 채널을 시청했다. 그런데 내가 보고 싶은 프로그램이 있어 하나 시청하려고 하면 아이들은 자기들은 좋아하는 프로그램을 하나도 못 봤다고, 그런데 왜 아빠는 '자기 마음대로 하냐'며 말도 안 되는 고집을 피울 때가 많았다.

나는 오해를 받고 싶지 않았다. 분명 나는 기준을 그대로 적용해서 변화된 게 없다고 생각하는데 아이들이 '아빠 마음대로야!'라고 말하는 순간 아이의 마음에는 아빠는 마음대로 하는 사람이라는 주홍글씨가 또 하나 새겨지는 것 같았다. 그래서 우리 집 규칙을 만들기로 했다.

군에서도 용사들이 군 생활하면서 지켜야 할 규칙을 스스로 만드는 프로그램이 있다. 일명 '병영 생활 룰(rule · 규칙)'이라고 하여 중대나 소대 단위로 모여서 그룹에 포함된 용사들이 '청소는 이렇게 하자, 공용시설은 이렇게 사용하자' 등의 규칙을 스스로 만드는 것이 있다. 이렇게 만들어진 룰은 이미 정해놓았던 규칙대로 용사들이 따르길 강요하는 것이 아니다. 함께 생활하는 모든 인원의 의견을 반영하여 만들어진 것이다 보니 규칙을 지키려는 의지나 실천율이 상대적으로 높다. 그래서 나는 이것을 우리 집에 적용해보기로 했다.

먼저 아이들을 불러 모아서 규칙에 관해 설명했다. "자, 이제 우리 집도 규칙을 만들 거예요. 규칙은 꼭 지켜야 하는데 왜냐하면 약속이기 때문이야." 아이 세 명을 데려다 놓고 설명을 하는데 내가 어린이집 선생님 된 기분이었다. "근데 왜 이걸 갑자기 만들어요?" 막내의 당돌한 질문에 나는 잠시 망설이다 이렇게 설명했다. "예준이가 너무 약속을 잘 지키니까 약속을 많이 지키면 산타할아버지도 선물을 많이 사줄 수 있고, 아빠도 선물을 많이 사줄 수 있게 되니까. 그래서 규칙을 정하는 거야."

아이가 좋아하는 산타할아버지와 선물이라는 단어가 들어가니 무조건 오케이로 시작한다.

딸은 규칙을 어떻게 만드는 건지 아니까 바로바로 이렇게 이야기한다.

1. 텔레비전 시청 줄이기
2. 코코(강아지) 산책시키기
3. 밥 잘 먹기
4. 사이좋게 지내기
5. 아빠 말 잘 듣기
6. 누나 말 잘 듣기
7. 코코 말 잘 듣기(장난치지 않기)

아이들이 모두 동의한다. 나는 조금 더 구체적으로 적고 싶었다. 하지만 그냥 입을 닫았다. 아이들의 입으로 서로 의견을 모은 것인데 내가 개입하면 내가 짜주는 계획표가 될 것 같았다. 아이들은 연신 좋다고 웃고 장난을 친다.

뭐든지 시각화가 중요하다. 눈에 보이지 않으면 마음도 멀어지듯 목표도, 규칙도 눈에 보이면 자꾸 보면서 의식하게 된다. 그러면 지킬 확률이 높아진다. 그래서 스케치북 한 장을 뜯어서 종이 위에 옮겨 적었다. 적는 것도 딸아이가 직접 적었다. TV 옆과 벽에 붙이니 제법 그럴듯하다. 우리 집 규칙을 붙여놓고 아이들과 이야기하면서 3가지를 추가했다. 8. 기도하기, 9. 물건 제자리에 두기, 10. 화장실 사용하고 물 내리기. 이렇게 우리 집 규칙은 만들어졌다.

'구슬이 서 말이라도 꿰어야 보배다.'라는 속담처럼 중요한 것은 실천이다. 아이들이 TV를 너무 많이 본다. 나는 아이에게 다가가 "우리 집 규칙이 뭐지?" 하고 물어본다. 그러면 아이들이 TV 보던 것을 멈춘다. 화장실에서 나오는 아이가 물을 내리지 않을 때, 다시 불러서 "우리 집 규칙이 뭐지?" 하고 물으면 "아, 맞다!" 하고 얼른 물을 내린다. 아빠의 말을 안 들을 때도, 아이들끼리 싸울 때도 조용히 다가가 "우리 집 규칙이 뭐냐?"라고 물으면 아이들이 얼른 행동을 바꾼다.

신기한 것은 아이들의 생각이다. 규칙이 없었다면 분명 똑같은 상황에서 내가 이야기해도 아이들은 '또 아빠가 잔소리한다.'라고 했을 것이다. 그런데 규칙을 세워놓고 이야기하니 아이들은 '아빠, 알려주셔서 고맙습니다.'라고 말한다. 똑같은 상황인데 너무 다른 결과라 신기했다. 그렇게 시작된 규칙은 '돈 아껴 쓰기'와 '뛰지 않기' 두 개가 추가되어 진행 중이다. 이 규칙은 지속성을 가지고 계속 실천되는 것도 있고 잘 안되는 것도 있다. 잘 안되는 것은 일정 시간이 지나면 아이들과 다시 이야기해서 바꿀 것이다.

아이들과 함께하는 또 다른 것이 하나 있다. 이른바 '나쁜 말 찾기' 게임이다. 아이가 학교에 가고 어린이집을 가면서 은근히 나쁜 표현을 많이 쓴다. 교육기관이 문제가 아니고 아이들이 크면서 유튜브나 틱톡, TV 프로그램 등을 많이 접하면서 거기서 많이 배워온다. 특히 딸아이는 초등학교나 학원에서 친구들과 어울리며 그런 용어를 사용하다 보니 조금 거친 표현을 자연스럽게 이야기한다. 아무리 부모가 못 하게 말려도 아이는 아이의 세계가 있다. 그러다 보니 그들의 세계에서 사용하는 문화를 배워갈 수밖에 없다.

처음에는 아이들이 조금 거친 표현을 할 때마다 내가 나섰다. "예진아, 동생한테 왜 그런 말을 하니?" 내가 야단을 치면 아이는 뜨끔한다. 그런데 이게 빈도수가 늘어나면 나도 말할 때마다 화가 날 수 있을 것 같았다. 그리고 나의 잔소리가 늘어나면 아이들을 지도해도 점점 무감각해질 것 같았다. 그래서 다른 사람이 나쁜 표현을 쓰면 바로 알려주기 게임을 하기로 했다.

"동생, 너희 자꾸 나 짜증나게 할래?", "야, 너희들 까불지 마라.", "누나, 나한테 한 대 맞을래?" 등 아이들이 상대방이 무심코 사용하는 말을 듣고 표현이 좋지 않으면 바로 지적해준다. "누나 나쁜 말!", "예준이 나쁜 말!" 이런 식으로 말이다. 나쁜 말이라는 지적을 받으면 일단 아이들은 말을 조금 더 가려서 했다. 조금 전에 화나는 말투에 짜증을 섞어서 이야기하던 것이, 칭얼대던 말이 조금 바뀌었다. 우리 집은 둘째가 거의 모든 언어에서 나쁜 말을 잡아낸다.

하루는 아내와 이야기 하는데 서로 의견이 달라 말이 길어졌다. 옆에서 듣고 있던 아들이 "아빠 나쁜 말 한 번, 엄마도 나쁜 말 두 번 했다." 하고 지적했다. 나쁜 말 찾기는 아이에게만 통용되는 게임이 아니다. 나도 가끔 아이에게 지적을 받는다. 그러면 얼른 수긍하고 아이에게 사과한다. "미안해. 다음에는 조심할게."

아이들이 나를 오해하지 않기를 바라는 마음에 정한 우리 집 규칙은 이제 어느 정도 안정되어 가는 것 같다. 내가 "우리 집 규칙이 뭐지?"라고 말하는 빈도가 많이 줄었다. 이제는 말하지 않아도 서로 지키니까 말이다. 나쁜 말 찾기 게임도 그렇다. 빈도가 많이 줄어들고 있다. 아이들이 규칙을 지키기 위해서 노력하는 게 보이니 보람도 있다. 무엇보다도 가장 큰 수혜자는 바로 나다. 아이들이 나의 말을 잔소리가 아닌 우리의 규칙을 가르쳐준 것으로 이해하기 시작하니 말이다. 아마 조만간 또 다른 규칙 또는 다른 습관을 만들 것 같다. 아이들과 내가 커가면서 서로 성장시키는 방향으로 말이다.

04

'안 돼'라는 말 대신 해야 할 일

아이가 조금씩 걷기 시작한다. 그러면 나는 '사랑해'라는 단어가 아니라 '안 돼.'라는 단어를 점점 많이 사용한다.

아이가 돌아다니면서 이것저것을 입에 넣는다. "안 돼."

아이가 높은 곳에 올라가려고 한다. "안 돼."

아이가 옷가지를 당긴다. "안 돼."

아이가 움직이면 일단 나와 아내의 입부터 보는 것 같다. 좁은 아파트에서 아이들과 살다 보면 흔히 겪는 일이다. 아마도 공감하는 분들이 참 많을 것 같다.

아이는 호기심이 많다. 그래서 돌아다니고 싶어 한다. 그런데 아이가 있는 집은 짐이 많다. 만약 적은 평수의 집에 산다면 어떻겠는가? 아무리 테트리스 게임처럼 물건들을 잘 정리해둬도 집은 좁다. 집이 좁으면 아이들이 자꾸 위로 올라간다. 선반, 의자, 식탁, 침대 등 기를 쓰며 올라간다. 그러다 보니 혹시나 아이들이 다칠까 봐 부모들은 언제나 '안 돼'를 입에 장전하고 산다.

나도 같은 경험을 했다, 처음에 18평 아파트에 살았다. 딸아이가 너무 물건 위로 올라갔다. 하루에 100번씩은 의자나 선반에서 떼놓기를 반복했다. 나도 '안 돼'라는 말을 많이 하니까 스트레스가 쌓였다. 그러다 근무지가 파주로 바뀌면서 32평 아파트에 살게 되었다. 입주하는 날 딸아이가 집에 들어서면서 '우와~' 소리를 연발하며 집안 곳곳을 뛰어다녔다. 아직도 그 기억이 생생하다. 큰 평수의 아파트로 옮기니 딸아이의 물건 위에 올라가는 버릇이 한 번에 없어졌다. 너무 신기했다.

용인에 살 때, 쌍둥이가 걷기 시작했다. 32평이지만 다섯 명이 살기에는 좁았다. 아이들이 조금만 돌아다녀도 부딪혔다. 그러다 보니 아이들이 물건을 자꾸 던지기 시작했다. 나는 다시 잔소리를 시작했다. "던지면 안 돼.", "던지면 안 돼."

내가 살았던 용인의 아파트는 층간 소음이 심했다. 5층에서 뛰는 소리가 1층에서도 들렸다. 그런데 나의 바로 밑에 집은 엄청 예민하신 분이 사셨다. 어찌나 예민한지 새벽 3시에 모두가 자고 있는데도 움직이는 발소리가 들린다며 경비실에 수시로 민원을 넣으셨다. 나와 아내는 이것 때문에 스트레스가 이만저만 아니었다. 아이들에게 또 시작했다.

"뛰면 안 돼!"
"뛰면 안 돼, 발뒤꿈치를 들고 고양이처럼 다녀."

편안해야 할 집이 항상 "안 돼!"라는 말을 연발하는 곳이라 아이들도 집에 들어오기를 싫어했다. 근무지가 또 바뀌었다. 그래서 1층이고 44평인 아파트로 이사를 했다. 그랬더니 또 매직이 일어났다. 아이들의 물건 던지는 행동과 뛰는 행동이 없어졌다. 1층이라 마음껏 뛰어다니라고 했는데도 말이다.

이런 경험이 있고 나서 나는 후배들에게 아이들이 어릴수록 조금이라도 큰 평수에서 크게 키우라고 말한다. '안 돼.'라는 말을 아이에게 계속하다 보면 아이들이 자꾸 움츠러든다. 그게 눈에 보인다. 아이의 행동 원인은 대부분 주변 환경에서 시작된다. 따라서 '안 돼.'라는 말을 자신이 자주 한다면 아이 주변의 환경을 살펴보고 변화를 줄 것을 먼저 권하고 싶다.

군대에서 임무를 부여할 때 항상 목적과 취지를 모든 장병에게 설명하고 시행하라고 한다. 그 이유는 그냥 하는 것과 왜 하는지를 알고 하는 것은 엄청나게 큰 결과 차이를 발생시키기 때문이다. 예를 들어 대청소를 한다 가정하자. 그냥 시켜서 하는 청소는 딱 혼나지 않을 정로 마무리된다. "내일 부대개방행사가 있다. 여러분의 부모님들이 부대에 들어오신다. 조금 더 좋은 모습을 보여드리도록 우리 깨끗이 청소하자."라고 설명하고 시행하면 반짝이는 정도가 다르다. 목적과 취지를 알면 쓸데없는 두려움을 제거할 수 있다. 또한 일의 방향성과 마지막의 모습을 알기 때문에 불필요한 노력을 하지 않아도 된다. 그래서 나는 이것을 집에도 적용했다.

집에서 아이들 손톱 정리를 하려 하면 무섭다고 울고 난리다. 그러면 나는 설명을 시작한다. "손톱에 세균 들어와서 숨어 있다가 예준이가 밥을 먹을 때 몰래 입으로 쏙 들어온대, 그러면 배가 아파서 병원에 가야 해. 또 장난감을 가지고 놀다가 피부에 긁혀서 다른 친구들이 다칠 수도 있어." 그러면 조금씩 울음을 그치며 결국 손톱 정리를 한다.

아이들이 장난감을 사달라고 떼쓰는 경우도 마찬가지다. 대다수 부모가 "엄마가 안 된다고 했지!" 또는 "너 이러지 않기로 했지!"로 아이의 입을 막고 자리를 떠나려 한다. 나도 그랬다. 아이들이 계속 졸라대면 "어허, 아빠가 안 된다고 했지!"라고 말했다.

하지만 아이들은 물러서지 않는다. "왜 안 돼요?" 그러면 나는 "아빠가 안 된다면 안 돼."라고 응수한다. 아이들이 전혀 받아들일 수 없는 이유를 대며 밀어붙이는 것이다. 사실 진짜 이유는 여러 가지다. 장난감을 사준 지 얼마 되지 않았다거나, 너무 비싸거나, 장난감이 아이의 수준에 맞지 않거나 등. 설명을 해주면 아이들도 완전하지는 않지만, 이해하고 수긍한다.

이처럼 아이들에게 무조건 '안 돼.'라고 말하기보다는 안 되는 이유를 설명하면 쓸데없는 두려움을 제거하고 아이들과 불필요한 소모전을 줄일 수 있다.

나는 아이들이 원하는 것이 있으면 그것이 필요한 이유 3가지를 제시하라고 한다. 이유를 제시하지 않으면 일단 들어주지 않는다. 그러다 보니 아이들은 '울며 겨자 먹기' 심정으로 이유를 만드는데 아이들의 상상력이 참 웃길 때가 많다.

"아빠 문방구에 가고 싶어요. 왜냐하면 문방구에 새로운 물건이 많기 때문입니다. 또 신기한 물건이 많기 때문입니다. 마지막으로 다양한 물건이 많기 때문입니다."

"아빠, 빙수 아이스크림이 먹고 싶어요. 왜냐면 너무 맛있기 때문입니다. 또 먹으면 아빠 말을 더 잘 들을 수 있기 때문입니다. 마지막으로 제 용돈 쓰기는 아깝고 아빠 돈은 안 아깝기 때문입니다."

내가 '3가지 이유'를 요구하는 데는 2가지 목적이 있다. 첫째, 내가 완벽하지 않기 때문이다. 나는 안 된다고 생각하고 있다. 그런데 이유를 들어보면 내가 몰랐던 합리적인 근거를 내세울 때가 있다. 자세히 들어보면 '안 돼'라고 말할 것이 아니라 내가 나서서 되도록 만들어줘야 할 것이 있다. "아빠, 내일 학교 안 가면 안 돼요?" 이유를 모르면 당연히 "안 돼." 라고 말한다.

"제 친한 친구 세 명이 체험 학습으로 키자니아를 간대요. 저도 가고 싶어요. 반에 친구들이 다섯 명이 자가 격리해서 학교에 나오지 않는 인원이 많아 수업 진도를 안 나간대요. 그리고 내일 돌봄교실은 미운영하는 날이라서 점심때 하교한대요."

하지만 이런 이유를 들으면 난 머릿속이 정리된다. '아이가 학교에 가도 13시면 집에 온다, 학교에 사람이 거의 없다. 수업도 진행하지 않는다. 게다가 키자니아는 아이가 꼭 가보고 싶어 했던 곳이다. 나도 내일 시간이 된다.' 등. 이 정도 판단이 서면 내일 무조건 학교 보내는 것이 정답이 아니다. '안 돼'라고 대답하기 전에 아이의 이유를 듣고 생각해도 말해도 충분하다.

두 번째, 아이에게 자기 목소리를 드러내라는 의미다. 내가 "안 돼."라고 말하면 아이가 자신의 의견을 말할 기회가 없어진다. 내가 군대에서 토론하면 무조건 한마디씩을 하라고 한다. 미군들이 그렇게 한다. 전혀 생뚱맞은 이야기를 하더라도 회의에 참석한 사람의 의견을 들어준다. 그리고 이런 사소한 목소리 가운데 중요한 것들이 항상 숨어 있다.

아이가 무슨 말인지 자기도 정리가 안 되는 말을 한다. 그냥 들어만 주자. 아이에게 완벽한 문장을 요구하는 게 아니지 않는가? 아이에게 말할 기회를 주는 것이 '안 돼'라는 말보다 선행되어야 한다.

당신은 하루에 아이에게 '안 돼.'라는 말을 몇 번이나 쓰는가? 그 말을 절대 안 할 수는 없다. 하지만 될 수 있으면 덜 사용하면 좋을 것 같다. '안 돼'라는 말을 쓰지 않는 환경을 만드는 것이 제일 좋지만 그러기는 쉽지 않다. 하지만 이 말을 사용하기 전에 아이에게 왜 그렇게 생각했는지를 먼저 물어보고 안 되는 이유를 설명하는 것은 어렵지 않다. 나의 적은 노력이 아이를 움츠러들지 않고 스스로 성장하게 만든다. 따라서 '안 돼.'라는 말을 안 쓰도록 노력해보자.

05

아빠가 바뀌면 아이는 쉽게 바뀐다

지금까지 내가 경험한 자잘한 사건 · 사고는 뭐든지 아이들이 문제라고 생각했다. 아이들이 아직 성숙하지 못하다 보니 부모의 말을 제대로 알아듣지 못하고, 짜증 부리고, 툭 하면 울고, 떼쓰고, 버릇없게 행동한다고 생각했다. 그래서 나는 아이의 이런 잘못된 모습을 바로 잡아주는 것이 나의 역할이라 생각했다. 아이들이 바뀌면 부모는 자연스럽게 따라서 바뀐다고 생각했다. 그래서 나는 아무것도 모르면서 아이들을 바르게 성장할 수 있게 좋은 시스템을 만들어야겠다고 생각했다. 아이들의 잘못된 행동을 바로 잡을 수 있는 그런 시스템 말이다.

그런데 내가 아이들과 지내보니 아이가 바뀌어야 하는 것이 아니었다.

아이는 너무나도 정직하게 부모가 주는 대로 그대로 결과를 내는 순수 그 자체였다. 나를 보고 나를 그대로 따라 하는 아이들을 보면서 내가 바뀌어야 함을 느꼈다. 나는 아이를 바꿀 시스템을 만들어야 할 것이 아니라 나를 변화시킬 시스템을 만들어야 한다는 것을 말이다.

내가 나를 되돌아보니 좋은 점이 없다. 쉽게 화를 내고, 순간적으로 '욱'해서 참지 못할 때도 있고, 나의 기준으로만 남을 판단하려고 했다. 어디 그것뿐이랴. 마음을 표현하는 것은 다섯 살 꼬마 아이보다 못하고, 말이 좋아 주관이지 고집도 세다. 생각하면 생각할수록 나는 결점투성이고 상처투성이였다. 내가 꼭 바뀌어야 하나. 아이들이 나를 이해해주지 않을까? 아직도 나의 마음은 40년을 살아온 나를 바꾸길 거부하고 있었다.

내가 먼저 바뀌기로 한 것은 '아이들에게 절대 화내지 않는 것'이었다. 아침에 일어나서 열 번을 외쳤다. "나는 무슨 일이 있어도 절대로 화내지 않는다." 그렇게 입을 말을 내뱉고 나니 머리가 맑아지는 것 같은 느낌이고 순간적으로 닭살도 돋았다. 이런 경험이 낯설어 그런 듯했다. 마음을 편안히 하고 아이들과 이런저런 이야기를 하며 좋은 시간을 보냈다.

아침 시간대는 위기의 순간이 적었다. 아이들이 투정을 부리기도 하고 울기도 하고 짜증을 내기도 했다. 하지만 나도 일어난 지 얼마 되지 않아 인내심도 풍부했고 무엇보다도 일단 학교와 어린이집에만 보내면 아이들과 부딪히지 않으니 참는 것이 어렵지 않았다.

문제는 저녁 시간 때였다. 아이들이 집에 돌아와서 잠들 때까지 최소 5시간은 부지런히 움직인다. 그런데 아이들의 돌발 행동이 너무 많으니 정신이 없다. 아이들이 물건을 망가트리지 않고 내가 수습할 수 있는 것이면 괜찮았다. 화가 날 뻔하다가도 참을 수 있었다.

문제는 아이들끼리 TV를 본다고 싸우기 시작하면 대책이 없다. 딸아이가 보는 프로그램과 쌍둥이들이 보는 프로그램은 수준 차이가 나서 절충안을 찾기가 쉽지 않았다. 그래서 매일 TV 리모컨을 쥐고 옥신각신했다. 첫째가 통 크게 양보한다. 쌍둥이들이 좋아하는 프로그램을 우선 볼 수 있다. 그런데 쌍둥이 아들들이 생긴 건 똑같은데 취향은 또 너무 다르다. 둘째는 로봇이 나오는 〈헬로카봇〉을, 막내는 여자 아이돌 이야기 〈시크릿 쥬쥬〉를 좋아한다. 그러니 쌍둥이들끼리 또 싸운다. 이런 싸움을 계속 지켜보다 보니 나도 화를 참기가 쉽지 않았다. 하지만 '나는 무슨 일이 있어도 절대로 화내지 않는다.'라고 다짐했다.

아이들끼리 싸우고 있는데 내가 다가가자 아이들이 움찔한다. 평소에 나라면 아이들이 TV 때문에 싸우면 버럭 화를 내고 셋을 다 야단을 쳤을 것이다. 그런데 오늘은 조용히 소파에 앉아서 싸우지 말고 사이좋게 하나씩 보자고 이야기했다. 딸아이가 좀 당황해한다. 아이들에게 매일 TV 때문에 싸우는데 어떻게 하면 좀 싸우지 않을지 생각해보자고 했다,

"서로 양보해야 해요."

"내가 한 편을 보면 다른 사람도 한 편을 보고, 서로 번갈아서 보면 돼요"

"아빠, 날짜별로 정하면 어떨까요?"

"TV가 또 있으면 좋겠어요."

나는 의도한 것은 아닌데 아이들이 다양한 의견을 내는 것을 보면서 '아이들도 이런 말을 할 수 있구나.' 하고 신기함을 느꼈다. 아이들끼리 한 편씩 보자고 절충했다. 하지만 TV를 더 보면 계속 보겠다며 고집을 부리는 아이가 꼭 있었고 결국 싸움은 계속되었다. 그때마다 나는 어금니를 꽉 깨물고 그냥 눈을 잠시 감았다. 화내지 않기 위해서.

TV와 관련해서 근원적으로 문제를 해결해야겠다고 생각했다. 그래서 딸아이 방에 TV를 한 대 더 설치했다. 딸아이 방의 TV는 딸아이에게 채널의 우선권을 주었다. 거실의 TV는 쌍둥이 동생들에게 채널의 우선권이 있다. 거실의 TV는 보고 싶은 프로그램에 대한 의견이 다르면 일단 서로 양보한다. 만약 그래도 싸움이 되면 무조건 아빠가 정해주는 것으로 본다. 이렇게 정리하니 싸움이 생길 일이 없었다. 거실에서 TV를 보는데 서로 의견이 다르면 딸아이는 자기 방에 가면 되었다. 자기 방에서 아이가 보고 싶은 것을 보면 되니까 싸울 일이 적었다. 쌍둥이도 내가 정해주는 것을 보기로 했으니 싸울 일이 없었다.

아이들 간의 주요 싸움을 이렇게 해결하고 나니 나도 그렇게 화를 낼 일이 없었다. 왜 진작에 이런 생각을 못 했을까 하는 생각이 들었다. 내가 딸아이의 방에 TV를 설치해주니 딸아이가 제일 좋아했다. 자기만의 TV가 있었으면 했는데 아빠가 그 소원을 들어줘서 너무 행복하다고 했다. 사실 나는 아이들끼리 너무 싸우는 모습이 싫고, 나도 아이들에게 화내는 것이 싫어서 TV를 설치한 것이다. 그런데 아이가 너무 좋아하니 좀 미안했다. 진작에 설치했다면 아이가 스트레스를 받지 않았을 텐데 하고 말이다.

그래도 아이들과 지내다 보면 화가 날 때가 있었다. 화는 입으로 뱉는 순간 확 올라오기 때문에 나는 입을 벌리지 않으려고 어금니를 꽉 깨물고 일단 눈을 감았다. 그리고서 자리를 잠시를 떠났다. 그러면 아이들에게 내던 순간적인 화가 참아졌다. 나름의 비법이 생긴 것이다.

이전에 내가 화를 낼 때는 아이들의 행동이 보이지 않았다. 나를 화나게 한 상황이 무엇이었는지? 아이들이 무엇을 잘못했는지? 내가 참고 참았지만 결국 너희가 나를 화나게 했다는 것에만 집중해서 아이들에게 소리칠 뿐 주변이 보이지 않았다. 그런데 화를 참고 보니 아이들의 행동이 보이기 시작했다. 그동안 내가 화를 내면 아이들이 했던 행동들이 말이다. 아이들은 항상 순간적으로 움찔했다. 다음엔 갑자기 행동을 멈춰버렸다. 그리고 잠시 뒤에는 마치 순한 양이 되어 나의 눈치만 살살 살피고 내가 무슨 말을 하든 절대적으로 따랐다. 그런 모습을 볼 때마다 나는 가슴이 아팠다. 아이들의 저런 행동은 그동안 내가 저질러놓은 '버럭버럭 화냄'의 결과물이니까 말이다.

내가 눈을 감고 입을 꾹 다물면 아이들도 안다. '자신의 행동이 아빠를 화나게 했구나.' 하고 말이다. 그러면 아이들은 자기들끼리 모여 무엇이 문제였는지 이야기했다.

"예성아, 누나는 네가 자동차 바퀴를 가지고 가서 섭섭했어. 누나도 자동차를 만들고 싶었는데 그래서 꼭 필요했거든."

"나는 지난번에도 바퀴를 양보했는데 못 가지고 놀아서 나도 슬펐어."

"그래, 그러면 이번에는 예성이가 먼저 가지고 놀자. 누나가 양보할게. 화내서 미안해."

"아니야, 괜찮아. 다음엔 누나가 가지고 놀아."

그리고서 자기들끼리 정리가 되면 나에게 다가와서 이야기한다.

"아빠, 조금 전에 우리가 장난을 심하게 해서 죄송해요. 나는 자동차를 만들고 싶고, 예성이는 기차가 만들고 싶은데 바퀴가 두 개밖에 없어서 싸웠어요. 근데 제가 양보해서 기차 먼저 만들고 제가 나중에 자동차 만들기로 했어요."

아이들이 움찔하고 멈추는 듯한 모습은 많이 바뀌었다. 하지만 아직도 나의 눈치를 살피는 행동은 남아 있다. 하지만 내가 화낼만한 상황 속에서도 자기가 왜 싸울 수밖에 없는지 고자질 아닌 고자질을 하는 것을 보면 아이도 조금씩 바뀌고 있는 것 같다.

나는 아직도 나를 바꿔야 할 것들이 많다. 사랑을 표현하는 것, 내 기준으로만 아이들을 판단하지 않는 것, 엄격한 것과 유연한 것을 구분하는 것 등 아직도 바꿔야 할 것들이 많다. 지금 나의 나쁜 행동을 내가 바꾸면 끝난다. 하지만 내가 바꾸지 못하면 나의 나쁜 행동을 아이에게 물려줘서 아이가 바꿔야 한다. 그래서 나는 계속 진행형인 아빠가 되기로 했는지 모른다.

06

진심은 느리지만 결국 통한다

누가 진실로 나를 위하는 사람인지 아닌지는 시간이 지나면 결국 알게 된다.

사람의 마음을 사로잡기는 쉽다. 단기간에 집중해서 잘해주면 된다. 그런데 '이 사람이 진짜 나와 함께 할 사람이구나.'라고 상대에게 인식시키기는 쉽지 않다. 이는 장기간에 걸쳐 꾸준히 성실하게 잘해야 하기 때문이다. 꾸준히 성실하게 잘하려면 진정 그 사람을 위한 진실한 마음이 없고서는 절대 불가능하다. 그래서 시간이 지나면 다 알게 된다는 것이다.

내가 진급에서 떨어지니까 사람의 진심이 무엇인지 자연스럽게 알게 되었다. 나를 위하는 사람인지 나를 이용하려는 사람인지 바로 알 수 있었다. 내가 고민이란 것을 하지 않아도 될 만큼 바로 보였으니 말이다. 발표 전날까지도 "꼭 잘되었으면 좋겠다."라고 말하던 사람들이 진급자 명단에 내 이름이 없자 "혼자 헛꿈 꾸고 있더라. 그럴 줄 알았다."라고 말하는 것을 듣고 '이 사람들이 사실 나를 이렇게 생각했구나.' 하고 제대로 알게 되었다.

다음 해에 내가 진급을 했다. 축하 전화를 받다가 휴대전화 배터리가 두 번이나 연속으로 방전된 경험은 처음이었다. 그런데 그렇게 기쁘지는 않았다. 생전 전화 한 통 없던 친척들, 작년에 나와 아내에게 그렇게 모질게 섭섭하게 했던 사람들이 마치 자기가 진급한 것처럼 기뻐하는 모습이 그렇게 진정성 있어 보이지 않았기 때문이다. 결국 진심은 다 알게 되니까 말이다.

사랑을 받아봐야 사랑을 나눌 줄 안다. 진심이 무엇인지 알아야, 진심이 아닌 것을 알 수 있다. 그래서 나는 아이에게 진심을 가르쳐주고 싶었다. 진심은 결국 부모의 사랑을 받는 것에서 시작하고 내가 부모가 되어 다시 사랑을 나눠주는 위치로 갔을 때 끝난다.

우리 집 안방 출입문 바로 옆에는 가족사진이 두 개 걸려 있다. 집에 들어오거나 나갈 때 바로 보이는 자리이고 안방 바로 앞에 있다 보니 저녁에 잠들기 전까지도 수시로 가족사진을 보게 된다.

우리 가족은 매년 1년에 한 번씩 가족사진을 찍는다. 작년에 세 번째 사진을 찍었고 올해 네 번째 사진을 찍을 예정이다. 이렇게 사진을 찍는 건 마지막에 아이들에게 가족 사랑이란 주제의 사진을 선물하기 위해서다.

쌍둥이가 태어나고 나서 '가족의 사랑'이라는 것을 가르쳐주고 싶었다. 어떻게 하면 좋을까 계속 고민하고만 하고 있었다. 그러다 우연히 휴대전화로 광고 한 편을 보게 되었다. 광고의 내용은 동남아의 한 나라에서 아빠와 아들이 30년간 매년 같은 날에 만나서 가족사진을 찍은 줄거리였다.

사진의 내용을 보면 처음에는 아빠가 아이를 안아주고 있었다. 그러다 아이가 덩치가 커지자 이제 아빠와 어깨동무를 하게 되었다. 이후 아이는 성인이 되었고 이제는 아들이 아빠를 안아주는 모습으로 바뀌게 되었다. 몇 년 뒤에는 손자가 태어나고 할아버지가 된 아빠는 손자를 안아주었다. 그리고 아빠는 돌아가시게 된다.

광고 이야기만 보면 인생의 모습을 설명하는 단순한 내용이지만 사진 속에 담긴 아빠와 아이의 표정을 보면 사진 30장에 아버지가 아들을 얼마나 사랑하는지 그리고 아이가 아버지를 얼마나 사랑하고 존경하는지 그 마음이 사진 속에 고스란히 담겨 있었다. 나는 그 광고를 보고 소름이 끼쳤다. '가족의 사랑이란 것이 결국 서로서로 저렇게 말없이 안아줄 수 있는 것이 아닐까?' 하고 느꼈기 때문이다. 그래서 나도 실천해보고자 하는 충동에 가족사진을 찍기 시작했다.

가족사진 앞에 막내를 안고 다가갔다. 막내는 계속 사진 속에서 자신을 찾아보라고 한다. 내가 사진에서 아이를 다 찾아내자 이번에는 '왜 사진을 찍었냐'고 물어본다. 그래서 난 설명해주었다.

"예준아, 아빠가 예준이를 사랑하는 것 같아, 안 사랑하는 것 같아?"

"안 사랑하는 것 같아, 아니 사랑하는 것 같아, 아니 안 사랑하는 것 같아."

아이는 장난을 쳤다. 장난치면 산타할아버지가 선물 안 준다고 하니 그제야 사랑한다고 대답했다.

"가족은 서로 사랑하는 거야. 그래서 사랑하는 모습을 사진으로 그때그때 찍어두는 거야. 시간이 지나면 예전으로 돌아갈 수가 없으니까 사진을 보면서 기억하려고."

아이는 "아~ 그렇구나." 하고 연신 고개를 끄덕이면서 올해는 언제 찍냐고 물어본다. "날짜는 왜 물어봐?"하고 내가 질문하니 아이가 답한다.

"올해는 우리 가족이 어떻게 사랑하는지 궁금하니까."

막상 사진을 찍어보니 우리도 아이를 안고 있었다. 그러다 작년부터는 손을 잡기 시작했다. 아내의 얼굴은 처음에는 웃지를 않았는데 해를 거듭할수록 웃는 모습으로 바뀌고 있다. 나는 점점 살이 찌고 있고 딸아이는 장난기가 줄고 조금은 숙녀의 모습을 보인다. 이렇게 가족의 모습이 조금씩 변하는 게 보이고 사진을 볼 때마다 뭔가 포근해지는 것을 느낀다. 이게 서로에 대한 진심, 진정한 사랑인 것 같다.

나는 요즘 딸아이와 자주 시간을 보내려고 한다. 이제 곧 3학년이 될 것이고 점점 친구들과 놀려고 하지 아빠와 놀려고 하지 않을 것을 알기 때문이다.

'언젠가 할 일이라면 지금 당장 하라, 지금 하지 않으면 언젠가는 오지 않을뿐더러 오더라도 몇 배의 시간과 에너지와 비용이 들게 된다'는 말이 있다. 요즘 나는 이 말이 진리라고 생각한다. 지금 내가 딸아이에게 사랑한다는 말을 자주 하고 안아주면 아이는 나의 마음을 금방 알아챌 것이다. 그런데 표현하지 않고 나만의 방식으로 텔레파시만 보내면 딸이 오해할 수도 있다. 아빠는 자신을 사랑하지 않는다고 말이다. 지난날의 나를 오해했던 것처럼 말이다.

하루는 아이가 좋아하는 빙수 가게에 가서 나는 커피 한잔하고 아이는 빙수를 먹었다. 딸은 동생들 없이 아빠와 즐기는 데이트가 좋다고 했다.

우리는 가족에 관해서 이야기를 나누어보았다. 딸이 자기 생각이라며 가족들 모두에게 하나씩 조언을 해줬다. 아빠는 공부를 적당히 하고 일찍 자라고 한다. 엄마는 밥을 잘 안 챙겨 먹어서 걱정이라고 한다. 동생들은 누나 방에 들어와서 물건을 좀 안 만졌으면 좋겠다고 한다. 나도 딸에게 책을 좀 읽는 건 어떠냐고 조언했다. 그러자 일반적인 책은 싫고 만화책은 좋다고 한다. 나는 네가 싫으면 책은 안 읽어도 된다고 했다. 대신 큰 꿈을 가지고 살았으면 좋겠다고 이야기하니 아이는 알겠다고 했다. 그러면서 빙수 한 접시를 혼자서 다 먹었다. 언제 이렇게 컸는지 새삼 기특했다.

또 다른 날에는 문구점에 들러서 아이가 좋아하는 말랭이를 하나 사고 각자의 손에 시원한 음료수를 하나씩 들고 집으로 걸어왔다. 딸아이는 연신 장난을 치면서 까불까불한다. 그런 딸에게 기분이 어떠냐고 물어봤다. 딸아이의 표현을 옮기면 이렇다.

"오늘 아빠는 마음에 들어요. 오늘 하루는 소소하게 재밌는 하루예요."

이제는 '소소한'이란 표현도 사용하고…. 나의 진심을 표현할 기회는 점점 적어지는데 아이는 정말 생각보다 빨리 자란다.

나는 사람의 진심에 대해서 많이 생각한다. 진짜 나를 위해서 이렇게 하는 것인가? 아니면 자신을 위해서 주변을 수단으로 생각하는 것인가? 타인이 나를 어떻게 생각하는지는 아직도 잘 모르겠다. 대신에 나는 나의 책임과 권한의 범위 내에서는 절대 다른 사람을 수단으로 생각하지 말아야겠다는 생각은 변함이 없다. 시간이 지나면 결국 진심은 다 알게 되니까 말이다.

07

오직 아빠만이 해줄 수 있는 것

부모의 역할 중에서 가장 큰 것이 무엇일까? '올바르게 성장시키고, 지켜주는 것'이라고 생각한다. 올바르게 성장시키는 것은 엄마의 역할이고 지켜주는 것은 아빠의 역할이다. 요즘 사회에서 어떤 것을 먹이고 어떤 것을 입히냐는 질적인 부분에서의 차이는 분명 존재한다. 하지만 못 먹고 못 입는 아이는 없다. 그런데 아이를 지키는 것은 제대로 지키느냐, 지키지 못하느냐는 결과적으로 아이의 인생에 엄청난 차이를 가져올 수 있다. 그래서 아빠의 역할이 참으로 중요하다.

내가 중대장 때, 나는 '미친놈'이었다. 나의 별명은 '쌈장'이라고 불렸는데 '싸움+중대장'을 줄여 부르는 말이었다. 한참 높으신 작전 과장님이 별명을 처음 만들어주셨다. 내가 훈련이든 부대 관리든 뭐든지 막 들이대서 싸움을 잘한다고 농담 반 진담 반으로 별명을 만들어주셨다. 사실 내가 싸움을 잘하는 것은 나에게 주어진 책임과 권한의 범위에서 중대원을 지키는 것이 나의 임무라고 생각했기 때문이다. 그래서 각종 작업이나 지원 업무에서 내가 '오케이'라고 하면 그 일은 나의 소중한 중대원이 해야 했다. 따라서 나는 병력을 움직일 때 그것이 꼭 필요한지, 다른 방법은 없는지 생각하고 최소한으로 지원하려 했다.

하루는 내가 밤새워 훈련하고 잠시 취침하는 사이, 나의 허락 없이 나의 중대원들이 상급 부대 지시에 따라 부대 울타리 안의 진지 공사에 투입되었다. 이 사실을 알고 나는 달려가 애써 만든 진지를 모두 부숴 버리고 병력을 철수시켰다. 그리고 나의 허락 없이 병력을 투입하게 시킨 행정보급관을 비롯한 중대 간부들은 나의 불호령을 피할 수 없었다. 이런 일이 있고 나서 부대에서 '쌈장 중대'는 건들면 안 된다고 소문이 돌았다. 덕분에 우리 중대는 각종 작업에서 항상 열외 되는 특혜를 누렸다. 나는 많은 분께 욕을 먹었다. 하지만 내가 욕을 먹은 덕에 우리 중대원들은 힘들지 않았으니 괜찮다고 생각했다. 부모가 되어 자주 생각하는 것은 내가 중대장 때처럼 아이를 외부의 풍파에 휩쓸리지 않게 잘 지켜주는 것이 중요하다는 생각을 많이 한다. 어쩌면 이것이 진짜 부모의 역할이 아닐까 싶다.

하루는 아내와 아이들과 함께 백화점을 갔다. 아내의 생일이 얼마 남지 않아 생일 선물로 필요한 옷을 한 벌 사고 쇼핑을 마무리하고 있었다. 간단히 먹을 빵을 사고 주차장으로 이동하려는데 딸아이가 조금 전부터 계속 자신의 휴대전화만 들여다본다. 휴대전화를 본다고 지나가는 사람과도 부딪쳤다. "앞을 보고 다녀야지. 왜 자꾸 휴대전화만 봐." 엄마의 말에 아이는 얼른 우리 곁으로 뛰어온다. 조금 지나니 또 휴대전화를 본다고 자꾸 뒤처진다. 표정도 좋지 않다. 엄마가 다가가 딸의 휴대전화를 빼앗았다. "앞을 보고 다니라니까 왜 휴대전화만 봐, 도대체 뭘 보는데 그런 거야?" 아내는 아이의 휴대전화를 이리저리 보더니 이내 표정이 심상치 않았다.

아내는 나에게 아이의 휴대전화를 건네며 읽어보라고 한다. 짐을 잔뜩 들고 쌍둥이를 챙기면서 주차장으로 가다 보니 보는 둥 마는 둥 했다. 주차장에 도착해서 아이를 차에 태우고 이제야 한숨을 쉰다. 그리고는 딸아이의 휴대전화를 보기 시작했다.

또래 친구 수진이라는 아이가 딸아이에게 보낸 카톡이었다. 같은 아파트 1층에 사는 아이로 우리 집에도 놀러 온 적이 있는, 내가 아는 아이였다. 카톡의 내용은 수진이가 딸아이에게 절교를 선언하는 내용이었다. 하나씩 처음부터 다 읽어봤다. 그런데 카톡의 표현이 초등학교 2학년이 하는 말 치고는 비속어나 감정을 표현하는 강도가 좀 세다는 느낌이 들었다. '그냥 너 싫어.' 이런 것이 아니라 '너는 남을 따라만 하는 애다. 앞으로 너를 철저히 무시한다. 대꾸할 가치가 없다. 꺼져라.' 같은 표현이 뒤섞여 있었다.

다시 처음부터 봤다. 오후 4시에 처음 보냈다. 지금이 오후 6시니까 거의 2시간가량을 10분 단위로 계속 딸아이에게 이상한 카카오톡을 보낸 것이다. 딸은 대꾸하지 않았다. 그랬더니 표현의 강도가 점점 세졌다. '이제 읽고도 씹냐, 내 말을 무시하냐'며 글 속에 격한 감정을 그대로 담고 있었다.

아내는 딸을 달랬다. "괜찮아, 신경 쓰지 마. 근데 너 혹시 수진이한테 잘못한 거 있니?" 아내는 아이가 상처받을까 봐 계속 걱정한다. 오히려 내 눈엔 엄마가 더 불안해하고 안절부절못하는 것 같았다. "예진아, 걱정할 거 없어. 네가 잘못한 것 아니면 먼저 사과할 필요 없어. 알겠지?" 나는 아내의 말을 거들었다. 하지만 어떻게 해야 하나 하는 고민이 계속되었다.

"아빠 저 신경 안 써요. 걱정하지 않으셔도 돼요. 뭔지 모르겠지만 내가 설명한다고 해도 수진이는 잘 듣지도 않을 건데 제가 왜 신경을 써요. 저 아무렇지도 않아요."

딸이 혹시나 상처받지 않았을까 나와 아내는 걱정하고 안절부절 어쩔 줄을 모르는데 아이는 너무나 담담하다. 오히려 상황을 더 냉정하게 정리하고 있었다. 그 순간 딸이 참 대견했다.

상황을 파악해보니 이러했다. 미술학원을 딸아이와 수진이가 함께 다닌다. 학원에서 같은 반이다 보니 수업 진도가 같다. 항상 같은 것을 그리거나 색칠하고 한다. 그런데 이 친구는 딸이 자꾸 자기 것을 따라 그린다고 생각한 모양이다. 그래서 그게 싫어서 절교하겠다고 한 것이었다.

딸아이에게 수진이가 무엇을 오해한 것인지 설명해줬다. 그랬더니 딸은 어이없다며 이야기한다. "아빠, 같은 반에서 같은 것을 보고 똑같이 그리는데 당연히 같은 그림이 나오는 거지, 서로 다른 걸 그리는 게 아니잖아요." 나는 '네 말이 맞다.'라고 하며 응원했다. 그리고 아빠가 나중에 오해되지 않게 선생님들께 잘 이야기 하겠다고 아이를 안심시켰다.

다음 날 오후에 학교에 카톡 사건을 담임 선생님과 돌봄교실 선생님께 말씀드렸다. 수진이와 딸은 오후에 돌봄교실을 가는데 거기서 두 아이가 만난다. 아이를 믿지만 자칫하면 싸움이 될 수도 있다. 그래서 미리 선생님께 설명해드리고 도움을 부탁한 것이다. 담임 선생님은 수진이를 불러 잘못된 행동을 지도해주고 앞으로 그런 일이 없게 교육을 했다고 했다. 그리고 아이의 부모님께도 전화를 드려서 집에서 함께 교육해달라고 부탁드렸다고 했다. 학원도 마찬가지로 사전에 도움을 청해 아이들의 오해는 깔끔하게 정리가 되었다.

학교 수업을 마치고 돌아온 딸아이에게 내가 조치한 사항을 설명해주었다. 아이는 고개를 끄덕끄덕했다. 그리고 앞으로 비슷한 일이나 고민되는 일이 있으면 아빠한테 이야기하라고 했다. 아이는 씩 웃으며 '역시 아빠야!' 하면서 자기 방으로 갔다. 나는 '역시 아빠야!'라는 말이 참 기분이 좋았다.

최근 초등학교 아이들의 싸움과 왕따는 항상 카카오톡 대화방에서 시작한다고 한다. 그래서 학교에서도 아이들 간에 카카오톡 대화를 금지하고 있다. 특히 단톡방은 설립하지 않도록 집중적으로 통제한다고 한다. 이유는 단톡방에서 한 아이를 집중적으로 욕하는 경우는 인격적으로 문제를 유발한다고 한다. 뭔가 문제가 돼서 학교폭력에 연루되면 카카오톡에 한 글자라도 의견을 달면 처벌의 대상이 된다고 한다.

나는 카카오톡 사건 이후에 딸아이 몰래 주기적으로 아이의 휴대전화 메시지를 살펴보고 있다. 다행히 그 이후에는 다른 특이사항은 없는 듯하다.

아이는 이 일이 있고 나서 아빠에게 이야기하면 반드시 깔끔하게 해결이 된다는 느낌을 받았나 보다. 은연중에 무슨 일을 하면 '역시 아빠가 하면 다 정리가 된다니깐.' 하는 말을 가끔 한다. 미술학원에서도 그랬다고 한다. 원장님이 부모님께 물어볼 것이 있으면 우리 아빠에게 물어보라고 했다고 한다. 그런 걸 보면서 아이에게 아빠는 다양한 역할도 중요하지만 '나를 반드시 지켜줄 거라는 믿음'을 심어주는 것이 꼭 필요한 것 같다.

옥스퍼드 대학 박사 출신의 선배 장교님께서 내게 이런 말을 해주셨다. 군 생활을 잘하려면 '있되 없어야 하고, 없되 있어야 한다'는 말을 행동으로 실천하면 된다고 하셨다.

나란 존재의 직책은 존재하지만, 마치 없는 사람처럼 드러나지 않게 묵묵하게 일하고, 너무 조용해서 존재감 없는 사람처럼 여겼지만, 지휘관이나 참모 중심으로 단합된 마음이 필요할 때는 맨 앞에서 나의 존재감을 드러내야 한다. 그러면 그 조직은 자연스럽게 저절로 안정되고 성장하게 된다.

아빠란 존재도 이 문구와 같은 것 같다. 존재는 있되 평소에는 드러나지 않아야 하고, 없는 듯 보이지만 가족의 안전과 위협이 식별되면 가장 먼저 나타나 위협을 제거함으로써 존재감을 드러내는 것이 아빠인 것 같다.

08

아빠 육아로 아이들이 변하기 시작했다

나에게 글을 어떻게 쓰는지를 가르쳐 주신 스승님이 있다. 김도사님이다. 글을 쓰는 사람들이 족보 없는 코치들에게 크게 상처받고 마지막에 김도사님께 가서 성공한다고 하여 '기-승-전-김도사'라는 말이 나돌 만큼 대단하신 분이다. 글쓰기 특허 보유에 교과서에도 글이 수십 편 실리다 보니 우리나라 출판계의 '워런 버핏'이라고 생각하면 꼭 맞다.

하루는 스승님과 문자를 주고받으며 요즘 어떻게 지내는지 이야기 나눴다. 나의 상황을 듣더니 "책을 몇 권 보낼 테니 읽고 생각을 키우고, 밝고 긍정적으로 바꾸라."라고 하셨다. 스승님은 내게 다섯 권의 책을 보내 주셨다. 나는 책을 읽기 시작했다. 책을 읽다 보니 그동안 내가 '현실을 부정적으로만 생각하고 내가 만든 틀 안에 나를 가두어놓고 있었다'는 것을 알게 되었다.

스승님은 나에게 무슨 일이든 '거기서 성공하고 싶으면 자신의 위치를 바꾸는 연습을 해보라'고 조언해주셨다. 성공의 기회는 위치가 바뀔 때 항상 찾아오게 되는 것이라면서 말이다. 나는 '자신의 위치를 바꿈으로써 짧은 시간에 큰 성과를 낼 수 있다'는 말을 계속 곱씹어 봤다.

'유레카. 그래 이거다.'

내가 계속 육아를 할 것도 아니고 언젠가 나는 나의 위치로 돌아가야 한다. 그렇다면 나는 지금 주어진 육아휴직이라는 이 소중한 시간을 아이들과 함께 성공적인 육아를 해야 한다. 그러기 위해서 나는 아빠라는 하나의 위치에서 '아빠와 아빠라는 이름의 엄마'라는 두 개의 위치로 바꾸어야겠다는 생각이 들었다. 아빠 육아에 빠르게 성공하기 위해서 말이다.

쌍둥이 아들들이 나를 '엄마'라고 불렀다. 나는 아들들이 나에게 장난치는 것으로 생각했다. "내가 왜 엄마냐? 아빠지?" 하면서 아이를 쫓아가 번쩍 들어 빙글빙글 돌렸다가 다시 바닥에 내려놓고는 "다시 말해봐, 내가 아빠야, 엄마야."하고 물어본다. 그러면 아이는 "지금은 아빠. 그런데 또 엄마도 돼." 하고 계속 장난을 친다. 아이 한 명과 놀아주면 금세 지원군처럼 2명이 더 달려든다. 아이 셋을 데리고 놀아주면 나는 금세 지쳐 바닥에 쓰러진다.

아이들은 또 조금 있다가 또 나를 엄마라고 부른다. 그렇게 부르면 안 된다고 내가 타이른다. 하지만 아이는 '아빠' 그리고 '아빠엄마'라고 나를 2가지로 부른다. '왜 그럴까?' 하고 고민해보니 아이들 눈에는 아빠의 역할과 엄마의 역할을 내가 모두 해야 하니 두 개의 모습이 보인 것이 아닐까 싶었다. 그런데 기분이 나쁘지는 않다. 나의 행동에서 엄마의 모습이 보였다면 내가 조금은 제대로 하고 있다고 볼 수도 있으니까 말이다.

아내가 없고 나서부터 아이들의 표정이 내가 보기에 좀 어두웠다. 말할 때는 몰랐는데 사진을 찍어 놓고 보니 자세는 손가락으로 브이를 표시하고 다양한 자세를 취하며 활동적인데 아이의 눈 모습은 눈꼬리가 축 처진 것이 전혀 밝아 보이지 않았다. 난 그게 계속 신경 쓰였다.

그래서 낮에는 '안아주고, 사랑한다고 말하고, 뽀뽀하기' 이런 행동을 매일매일 실시했다.

그리고 밤에는 결산을 했다. 군에서 하루를 마감할 때 오늘 있었던 일에 대해 잘된 점, 미흡한 점을 정리하고 내일 계획을 구체화했다. 그래서 그것을 적용해보기로 했다. 별다른 것은 없다. 그냥 불 끄고 침대에 누워 아이마다 돌아가면서 한마디씩 하게 했다.

"아빠, 오늘 어린이집에서 찬솔이 형이 나한테 까불지 말라고 했는데 기분이 슬펐어."

"오늘 저녁에 햄 볶음밥을 먹기 싫었는데 아빠가 다 먹으라고 해서 싫었어요. 하지만 다 먹고 나니 아이스크림을 줘서 고마웠어요."

"우리 반에 장난꾸러기 친구가 한 명 있거든요. 근데 오늘 쉬는 시간에 사물함 위에 올라가서 뛰어다닌 거 있죠. 전 그 모습 보니까 왜 선생님이 화나셨는지 이해가 되었어요."

이런 사소한 이야기를 하면 아이들끼리 한마디씩 거든다. 서로 위로해주기도 하고 칭찬해주기도 한다. 나도 아이들이 오해하는 것은 설명해서 이해시키고 내가 잘못한 것은 미안하다며 용서를 구했다. 그래서인지 결산의 분위기는 항상 밝고 긍정적이었다. 그러자 아이들의 표정도 조금씩 밝게 변하기 시작했다.

내 생각에 예전에 아이들 마음속에 담아두고 눌렀던 스트레스를 항상 아내가 보듬어주고 풀어주었던 것 같다. 그런데 아빠는 잔소리만 하니 스트레스를 풀지 못했던 것 같다. 그러다 결산을 통해 이제야 마음을 치유받은 것 같았다.

아이의 마음이 편해지니 자꾸 스스로 하려고 시도했다. 예전에는 아이가 눈을 뜨면서부터 잘 때까지 하나부터 열까지 모두 나의 손을 거쳐야만 했다. 아이들은 잘하지 못하면 나한테 또 혼난다고 생각해서 움츠렸던 것 같았다. 그런데 아빠에 대한 마음이 변하니 스스로 하는 게 부담되는 것이 아니라 즐거운 것으로 생각이 바뀐 듯했다.

딸아이는 이제 목욕도 스스로 한다. 내가 도와주면 2~3분이면 끝낼 수 있다. 그런데 딸아이 혼자 하면 한 10분도 넘게 걸린다. 처음에 머리를 감는 것이 익숙하지 않아서 거품을 그대로 두고 목욕을 끝냈다. 목욕 후 수건으로 머리를 말리면 샴푸나 린스가 그대로 묻어 나오기도 했다. 그러면 나는 아이를 다시 화장실로 돌려보내 혼자서 다시 씻도록 했다. 딸아이가 목욕을 끝내고 화장실에 들어가면 천장까지 물이 튀고 거품이 벽에 붙어 마치 습식 사우나 같은 느낌이다. 나는 이런 느낌을 싫어한다. 하지만 난 아이가 스스로 하도록 두고 있다. 나의 청소 시간은 늘겠지만 그래야 아이가 제대로 씻는 법을 배우기 때문이다.

쌍둥이 아들들은 목욕하는 것을 제외하고는 이제 대부분 혼자 할 수 있다. 간단한 손 씻기, 식사하기, 옷 입기, 장난감 치우기, 이불 정리하기, 수건 정리하기 등 많은 것을 이제 스스로 한다. 물론 내 마음에 들지는 않는다. 어차피 내가 또 손을 대야 하는 것은 맞다. 하지만 내가 나서는 순간 아이들은 아빠가 요구하는 수준으로 해야 한다는 생각을 가지기 때문에 겁을 먹고 멈춰버린다. 그래서 아이가 하고 싶은 대로 내버려두고 조용히 내가 뒷정리하는 식으로 하다 보니 아이가 계속 자신감을 가지고 스스로 하려고 하는 것 같다.

아이들의 생활이 예전에는 너무 불규칙적이었다. 그래서 아이들이 너무 힘들어했다. 내가 일을 할 때는 늦게 퇴근하다 보니 초저녁에 잠이 들어 새벽에 깨거나 잠시 잠들었다가 깨는 바람에 자정이 넘어서도 잠을 안 자는 경우가 허다했다. 그러다 보니 수면 부족으로 매일 아침 짜증도 많고 어떤 경우는 어린이집에서 3~4시간씩 잠만 자고 오기도 했다. 어린이집 선생님과 상의해서 아이들이 낮잠을 자지 않도록 했다. 처음 1~2주는 아이들이 너무 힘들어했다. 하지만 이렇게 해야 규칙적인 생활을 할 수 있겠다 싶어서 꾸준히 했더니 아이들이 늦어도 밤 10시경에는 취침에 들어가서 9~10시간 정도 잠을 충분하게 자게 되었다. 그 결과 아이들이 어린이집은 신나게 노는 장소이고 집은 쉬고 충전하는 장소로 인식하게 되었다. 이렇게 규칙적인 생활을 하니 일단 아이들의 짜증이나 신경질이 확 줄어들었다.

아빠라는 역할에서 '아빠, 그리고 아빠라는 이름의 엄마'란 위치로 바꾸고서 열심히 육아 성공을 위해 달리고 있다, 두드러진 큰 성과를 드러내고 싶은 마음은 없다. 이미 아이들이 넘칠 만큼 아빠를 사랑해줬고 많은 부분에서 멋지게 성장해주었기 때문이다. 스스로 하는 아이의 모습, 규칙적으로 생활하면서 자신의 감정을 즐겁게 표현하는 모습들이 너무

나도 감사하다.

엊그제 새벽, 옆에서 자고 있던 둘째 아들의 부스럭거림에 잠시 잠을 깼다. 침대에 누워 있는 나에게 자신이 덮고 있던 이불을 덮어주었다. 그리고 다시 잠을 청하는 모습을 나는 잠결에 보았다. 아이도 나의 변화를 격려하는 것 같아 정말 고마웠다.

아이들과 함께 보내는 시간은 축복인 것 같다. 예전에 맘시터 이모님이 하신 '아이는 내 삶의 존재 이유'라는 말씀이 딱 맞다는 생각이 든다. 아이들과 함께는 시간이 늘어갈수록 그 말에 대한 믿음은 확신으로 바뀌었다. 아이들이 매일매일 조금씩 눈에 보이지 않을 만큼 커가는 모습이 참 신기하고 고마웠다. 그리고 조금씩 아이들이 변해가는 모습을 보면서 '나도 조금은 성장했구나.' 하는 생각이 들어 감사했다. 아빠 육아를 하면서 아이들이 조금씩 변하고 있다.

4장

행복한 아이,
행복한 부모가 되는
8가지 기술

01

아이에게 먼저 미안하다고 말하기

아마 내가 중학생이었던 것 같다. 당시 남자아이들에게 중국의 액션 영화는 동경의 대상이었다. 평범한 주인공이 수십 명의 악당을 순식간에 제압하는 모습을 보면서 우리는 묘한 희열을 느꼈다. 나는 이연걸의 영화 중에서 〈보디가드〉를 많이 좋아했다.

영화 장면 중 이연걸의 '남자는 미안이라는 말을 하지 않는다.'라는 대사가 있다. 어린 시절 이연걸은 사고뭉치였다. 항상 사고를 치고 미안하다고 하면 스승님이 용서를 해주셨다고 한다. 그런데 어느 날, 자신의 불장난으로 생활하던 절이 불타 없어졌다. 그리고 스승님마저 화마에 휩쓸려 돌아가셨다. 이연걸은 정말 진심으로 사죄하고 싶었지만, 스승님께 영원히 미안하다고 말할 수 없게 되었다. 그 후 이연걸은 '남자는 미안이라는 말을 하지 않게 미안한 일을 절대 만들지 않는다.'라고 말하며 사라진다. 그 말이 왜 그렇게 멋있었는지 그대로 나의 뇌리에 꽂혀버렸다.

그런 생각은 내가 군 생활을 하면서 더욱더 자리를 잡게 된 것 같다. 나는 혼자가 아니다. 나는 수십 명을 지휘하는 지휘관이거나 이를 보좌하는 참모로 군 생활을 했다. 그러다 보니 나의 잘못된 판단, 잘못된 조언 하나가 수십 명을 사지로 내몰 수 있었다. 그래서 나는 나의 업무를 할 때 미안하다는 말을 덜 사용하려고 노력했다. 그런데 일을 하면서 잘못했는데도 불구하고 미안하단 말을 하지 않는 사람들을 보면 좀 싫었다.

하루는 밤새 정리한 자료를 지휘관에게 보고하려고 준비하고 있었다. 갑자기 중간 검토자인 선배 장교님이 보시더니 이것저것 수정하라고 한다. 지휘관이 나에게 준 지침과 방향과는 달라서 머뭇거리는데 선배 장교님은 빨리 수정하라고 다그친다. 그렇게 수정을 해서 지휘관에게 보고에 들어갔다. '분명 지침을 줬는데 왜 이렇게 해왔냐'고 다시 하라고 하신다. 지휘관님은 내가 잘못 이해한 것으로 생각했는지 지난번 설명한 것을 다시 설명해주신다. 들으면 들을수록 내가 처음 만든 초안과 닮았다. '그냥 내가 작성한 대로 들고 왔더라면 좋았을 텐데.' 하고 속으로 후회했다. 선배 장교님은 모른 척한다. 그리고 '자기가 못 봐줬다며 얼른 수정하겠다.'라고 말한다. 나는 참 어이가 없었다.

선배님도 실수할 수 있다. 같이 도와주려 했으니 그 맘도 충분히 이해한다. 그런데 자기가 못 봐줬다며 발뺌하는 것이 조금 아쉬웠다. 보고를 마치고 지휘관 실을 나왔다. 선배 장교님은 사람마다 그때그때 지침이 다른 거라며 '얼른 수정하라.'라는 말만 하고 가셨다. 그냥 '미안하다.' 정도만 말해줘도 '아닙니다. 괜찮습니다. 금방 수정하겠습니다.' 하고 얼른 수정할 텐데 말이다. 윗사람일수록 아랫사람에게 '미안'이라는 말을 하기가 쉽지 않은가? 선배 장교님은 그 후에도 몇 번 더 실수했지만 미안이라는 말은 없었다. 나는 원래 그런 분인가 보다 하고 더는 의미를 두지 않았다.

하루는 아이와 집에서 장난감 로봇을 조립했다. 열심히 조립했는데 설명서 없이 감으로 하다 보니 거꾸로 조립하고 말았다. 원래 거꾸로 하면 안 들어가는 것인데 나는 힘으로 억지로 조립했다가 다시 해체했다. 그런데 바퀴가 부러지고 말았다. '아이에게 뭐라고 말하지? 분명 울고불고 난리 칠 텐데….' 접착제로 다시 붙여보지만, 더 더러워지고 엉망이 되었다. 나는 다시 거꾸로 조립했다. 그리고는 완성했다며 아이에게 주었다. 아이가 뭔가 이상하다며 계속 "이거 아닌데, 이거 아닌데." 한다. 나는 맞다며 우겼다. 그리고 빨리 가지고 놀라며 아이를 쫓아냈다. 괜히 잘못 조립했다고 하면 아빠의 권위가 떨어지는 것 같다. 그래서 이상하다고 의

심한 아이를 이상한 사람으로 만들어버렸다. 가만히 보니 나도 결국 선배 장교님과 같은 모습을 가지고 있는 사람이었다. 고민하다가 나는 아이에게 사실대로 말했다.

"예준아, 미안해. 사실은 아빠가 이거 조립할 때 잘못해서 부서졌어. 그래서 이렇게 거꾸로 조립해야만 놀 수 있어. 미안해."

'아이가 울려나? 아니면 떼를 쓰려나?' 아이의 표정을 살핀다. 아이는 그냥 나를 보며 웃는다. 그리고는 나를 놀린다.

"에잇, 뭐야. 아빠가 실수하면 어떻게 해?"
"야, 아빠도 실수할 수 있지. 근데 잘하려다가 실수한 거야."

나의 변명이 마음에 들었는지 아이는 씩 웃었다. 그리고는 이렇게 말했다.

"괜찮아요. 아빠, 그리고 미안하다고 말해줘서 고마워요."

아이의 말을 듣고 나니 내가 너무 속 좁은 사람 같았다. 아이가 당장에 울더라도 사실대로 말하면 될 것을 괜히 아이만 이상한 사람으로 만들었다. 아빠의 권위? 그게 도대체 뭔데? 절대 실수해서는 안 되고, 근엄해야 하고, 항상 자신감 있고 당당해야 하고 이런 것이 아빠의 권위인가? 그건 아닌 것 같다. 오히려 내 잘못을 솔직하게 빨리 말하고 상대에게 이해를 구하는 게 나의 권위와 체면을 더 바로 세워주는 것이라는 생각이 들었다.

아이 세 명이 싸우면 시장통이 따로 없다. 아이들이 싸우는 소리를 듣고 있다 보면 점점 뇌가 흔들리는 것 같다. 딸은 챔피언의 권위를 보여야 하는지 물러서지 않는다. 쌍둥이는 챔피언에게 도전하는 용맹한 전사로 꼬박꼬박 말대답이다. 옆에서 듣고 있으려니 누구라도 그냥 '미안해' 말 한마디면 끝날 싸움인데 끝까지 싸우고 있다. 문제는 이제 아이들이 점점 성장하다 보니 이제는 다 기억한다. 그리고 사소한 말싸움이 점점 커지다 보면 어느 순간 과거를 소환한다. 그러면 묵혀둔 감정까지 드러내서 점점 격하게 싸운다. 그래서 이제 아이들이 싸우면 나는 바로바로 현장에서 싸움을 종결시키려고 한다.

"예성이가 예준이와 누나한테 물건을 던졌지? 모르고 던졌어도 상대가 맞았으니 이건 예성이가 먼저 사과하는 거야. 얼른 '미안해' 하세요."

아이는 마지못해 사과한다. 나는 아이에게 다시 사과를 시킨다.

"사과는 진심으로 미안해하는 거야. 그냥 말만 미안해하는 것은 나쁜 사람이야."

아이는 뭐가 서러운지 울먹울먹한다. 그리고는 누나와 동생의 몸을 스치며 '미안해.'라고 수줍게 말한다.

갑자기 둘째가 나에게 말한다. "그러면 아빠는 나쁜 사람이야?" 갑자기 또 무슨 소리지 하고 아이를 쳐다봤다. "아빠는 지난번에 동전이 책상에 있었는데 내가 들고 갔다면서 야단쳤잖아요. 그리고 아빠는 나한테 사과 안 했잖아." 막내도 말을 거든다. "아빠 지난번에 내 등짝 때리고는 사과 안 했잖아.", "지난번 내 팔도 장난이라면서 '앙' 하고 물었잖아. 그리고 사과 안 했잖아."

봇물이 터진 아이들의 질책에 나는 뭐라고 말할까? 그냥 "미안해."라고 했다. 그러자 쌍둥이들이 말했다. "그냥 말로만 하지 말고 진심으로 사과해야지, 아니면 우리는 아빠의 사랑을 받아줄 수 없어." 아이들을 싸움을 키우지 않게 하려고 사과를 시킨 것이 나의 공개 사과로 확대되었다. 나는 아이들에게 지난번에 오해해서 미안하고 장난이 과했다며 용서를 구했다. 아이는 마지막까지 한마디를 더하고 간다.

"앞으로 아빠도 잘못하면 미안하다고 해요. 용서해줄 테니…."

나는 내가 아이에게 미안하단 말을 하지 않는 것을 몰랐다. 그런데 아이들은 다 기억하고 있었다. 아이들은 그 당시 느꼈던 섭섭한 마음까지도 함께 기억하고 있었다. 그동안 아이들은 아빠에게 사과하라고 말은 감히 할 수 없었던 것 같다. 아빠와는 어느 정도 거리가 있다고 느꼈으니 그런 말을 할 수 없었을 것이다. 그런데 이제 나에게 잘못했으면 '미안하다.'라고 말로 표현하라고 시키는 것을 보니 아이들의 마음이 조금은 내게 열린 것 같다.

나는 요즘 잘못하면 미안하다고 바로 이야기한다. 내가 말한다고 해서 아이들이 나를 야단칠 것도 아니고 때릴 것도 아니지 않는가? 기껏해야 울거나 조금 떼를 쓰는 정도일 테니 말이다. 그런데 내가 미안하다고 말을 하니 아이들이 자기의 감정을 점점 솔직히 드러냈다.

아이들이 싸운다. 내가 확인하고 서로에게 미안하며 사과하라고 시킨다.

"예성아, 미안해." 예성이는 대답이 없다.
"예성, 내가 미안하다고 사과했잖아. 왜 괜찮다고 안 해?"

예성이는 말한다.

"너는 미안하다고 했지만 난 아직 괜찮지 않아."

예준이는 다시 이야기한다.

"그래도 사과를 했잖아, 그럼 받아줘야지."

"아니, 아직 내 맘은 괜찮지 않아."

아이가 점점 커서 그런 것도 있겠지만 자신의 감정을 드러내는 것이 예전에는 볼 수 없던 모습이다. 난 이런 모습을 보며, 아이가 제대로 커가는 것 같이 여겨져 마음이 흐뭇하다.

나는 미안하다고 말하는 것이 싫었다. 미안하다고 말할 상황을 만들지 않으면 된다고 생각했기 때문이다. 그런데 미안하다는 말을 안 하고 살 수는 없다. 미안하다고 말하면 뭔가 나의 권위나 영향력이 훼손된다고 생각했다. 그런데 잘못을 숨기는 것이 나를 헤치는 것이라는 사실을 깨달았으며 잘못을 드러내고 진심으로 사과하는 것은 오히려 나를 더 빛나게 해주었다.

그래서 이제는 내가 잘못한 것이 있다면 바로바로 사과한다. 특히 아이에게 미안하다는 말은 아끼지 않는다. 내가 미안하다고 할수록 아이는 나를 편하게 대한다. 완전무결한 높은 사람이 아니라 자신과 똑같이 실수할 수 있는 사람으로 여기는 것 같다. 그러면 아이는 자신의 감정을 보여준다. 아이의 마음을 알려면 먼저 미안하다고 말해보자. 오래 걸리지 않는다. 금방 아이의 마음을 알 수 있다.

02

아이의 언어로 말하고 아이의 언어로 들어라

고수와 하수의 차이는 시간이 지나면 자연스럽게 알게 된다. 고수는 전체를 보고 이야기한다. 그리고 핵심만 이야기하며 반드시 결과물을 만들어낸다. 반면 하수는 부분적인 것에 대해서만 장황하게 이야기한다. 핵심을 설명하면서 자신도 헷갈린다. 그리고 결과물이 중요한 것이 아니라 과정이 중요하다고 강조한다. 그리고 고수와 하수의 가장 큰 차이점이 하나 더 있다. 고수는 받아들이는 사람의 수준에 맞는 언어를 사용하여 이야기한다. 하지만 하수는 자신만의 언어로 이야기하고 받아들이는 사람이 이해하지 못하면 수준이 아직 그 정도밖에 안 돼서 그렇다고 오히려 야단을 친다. 당신은 육아에 고수인가? 하수인가?

나는 육아를 시작할 때 하수 중의 하수였다. 내가 잘하는 것은 아이들에게 화내는 것뿐이었다. 내가 수십 번 말을 해도 아이들이 내 말을 제대로 듣지 않았다. 그것이 나에게 큰 스트레스였다. 도대체 왜 말을 해도 듣지 않는 걸까? 내가 말하면 아이들이 대답은 잘하는데 행동은 왜 변화되는 것이 없을까? 내가 영어로 말하는 것도 아닌데, 똑같은 한글을 쓰는데 이해하지 못하는 아이들이 그저 답답하기만 했다.

딸이 학교를 마치고 왔다. 나는 아이에게 오늘 하루 열심히 했다고 칭찬을 해주었다. 그리고 간식을 주면서 딸에게 말했다.

"예진아, 숙제 먼저 빨리 끝내고 오늘 해야 할 것들은 아빠하고 정리하자."

"알겠어요. 아빠."

나는 기특한 마음에 아이의 머리를 쓰다듬고 칭찬을 듬뿍 해주었다. 나는 1시간 정도가 지나 딸에게 숙제 다 했냐고 물었다. 딸은 숙제를 아직 다 못했다고 했다. 나는 "조금만 빨리하자."라고 말하고 쌍둥이들을 데려오기 위해 어린이집을 다녀왔다. 다시 딸에게 숙제 어느 정도 했는지 물었다. 하나도 하지 못했다고 한다. 나는 무슨 말인지 이해가 되지 않았다. "2시간이나 지났는데 숙제를 하나도 못 했다니 무슨 말이니?" 딸아이는 지금까지 아빠가 내어준 일일 수학 문제를 공부한다고 학교 숙제는 아무것도 못 했다고 했다. 나는 분명 숙제를 먼저 끝내고 나머지는 나와 함께 정리하자고 했다.

그런데 가만히 살펴보니 아이 관점에서 아빠가 내어준 수학 문제도 결국 숙제라고 생각했던 것 같다. 그래서 학교 숙제는 손도 못 대고 혼자서 낑낑대고 있었다.

'내가 말을 잘못했구나. 정확하게 아이에게 알려주고 이해했는지 물어봤어야 했는데….'

나의 잘못이었다. 일단 아이에게 저녁을 먹였다. "예진아, 밥 먹고 나서 아빠가 동생들 목욕할 시킬 테니 그사이에 네가 할 수 있는 학교 숙제는 먼저 하고 있어. 알겠지?" 딸아이는 큰소리로 대답했다. 그래서 나는 '이번에는 알아듣겠지.' 하고 생각했다. 아이들 목욕을 시키고 나서 이제 딸의 숙제를 도와주러 갔다.

"딸, 숙제 어느 정도 했어? 아빠랑 나머지는 같이 해보자." 숙제는 리딩 게이트, 독서 감상평, 받아쓰기 시험 부모님 검사받고 틀린 문제 다시 써오기 3가지였다. 딸은 받아쓰기 틀린 문제가 1문제인데 그것을 세 번 쓴 것 외에는 아무것도 한 것이 없었다. 시간이 꽤 지났는데 왜 이것밖에 못 했는지 이해가 안 되었다. "독서 감상평 먼저 하지 왜 안 했어? 아니면 리딩 게이트라도 하고 있지?" 아이는 독서 감상평은 위인전을 해야 하는데 누구를 할지 몰라서 고민하고 있었다고 했다. 어제 아빠가 매일 장군들만 한다고 다른 사람 알려준다고 했는데 아직 말이 없어서 기다리고 있었다고 한다. 리딩 게이트는 휴대전화에서 로그아웃이 되어 들어가는 비번을 잊어서 시작하지 못했다고 한다.

아이가 하지 않은 것은 아니다. 자기 나름 뭔가는 했다. 다만 내가 생각하는 그림과 아이가 생각하는 그림이 너무 달라서 도대체 뭐가 이런 차이를 만들었을까 하는 의문이 들었다.

내가 정보과장을 할 때였다. 만약 DMZ에 작전을 나가야 하면 나는 부하들에게 '소풍 가자'는 말을 했다. 그러면 모든 인원이 알아듣고 각자 필요한 총기, 탄약, 식수, 응급처치 세트 등을 알아서 챙겼다. 그것은 오랫동안 서로가 호흡을 맞추고 지내다 보니 자연스럽게 체득한 것이다. 나는 신병들이 처음 작전에 투입되면 하나하나 확인을 했다. 빠진 물건은 없는지 임무는 제대로 숙지하고 있는지 말이다. 그리고 신병들은 군사 용어도 모르다 보니 그들 시각에서 필요한 단어는 다시 설명해주고 이해시켜주었다.

딸아이는 어쩌면 이제 갓 입대한 신병과 같았다. 모르는 것이 당연하고 하나하나 세세하게 챙겨주고 확인해주는 것이 필요했다. 그런데 나는 내 방식대로 이야기하고 아이가 당연히 알아들었을 것으로 생각했다. 속된 말로 '개떡처럼 말해도 찰떡처럼 알아들을' 것으로 생각했다.

이제 좀 퍼즐이 풀리는 것 같았다. 그날의 모든 실수는 따지고 보면 내가 처음부터 아이의 수준에 맞는 언어를 쓰지 않고 그 수준에 맞는 질문을 하지 않은 것에서 비롯된 것이었다. 질문이 잘못되었으니 답이 제대로 나올 리가 없다. 나는 아이에게 숙제를 빨리 끝내라는 것이 아니라 숙제가 무엇인지 먼저 물어야 했다. 만약 내가 그렇게 물었다면 딸은 아마도 '리딩 게이트, 독서 감상평, 받아쓰기 틀린 문제 쓰기, 아빠가 내어준 수학 문제'라고 답했을 것이다. 그러면 나는 수학은 나중에 하라고 알려줘서 이런 혼란을 초래하지 않았을 것이다. 이처럼 나의 말이 아이가 이해할 수 있고, 서로 소통할 수 있는 질문을 했더라면 이런 혼란은 없었을 것이다.

아이와 함께 지내면서 아빠에 대한 오해도 풀고 아이들이 원하는 것이 무엇인지 나도 배우고 서로를 조금씩 이해하게 되었다. 장난도 많이 치고 나도 그렇고 아이들도 웃음이 많이 늘어나게 되었다. 주말이었던 것 같다. 낮에 거실에 앉아서 쌍둥이들이 놀고 있는 모습을 보니 뭔가 흐뭇하다. 둘이서 맥포머스 자석을 이용하여 자동차, 주차장, 우주선 등 이것 저것을 만든다. 쌍둥이가 놀면서 하는 이야기를 나는 유심히 들어봤다.

"예성아, 꿀단지 먹을래?"

"아니, 밥 먹기 전에 꿀단지나 아기 우유 먹으면 똥이랑 방귀 돼."

"넌 뭐 먹을 건데. 난 치킨이."

"난 뽀로로랑 케첩이랑 밥이랑 물."

"아빠한테 브로콜리는 다 빼달라고 하자."

"그래, 근데 나 엉덩이가 아파."

"그래? 점프점프 하던지 흔들흔들 해봐."

둘이서 주고받는 아주 자연스러운 대화인데 나는 도대체 무슨 말인지 이해가 되지 않는다. 외국어도 아니고 사투리도 아니다. 분명 한국어다. 단어는 다 알아듣겠는데 의미를 해석하기가 쉽지 않았다. 나는 시간이 한참 지나고 나서야 아이들의 말의 의미를 겨우 알게 되었다. 이 말을 어른들의 말로 해석하면 이렇게 된다.

"예성아, 딸기 맛 우유 먹을래?"

"아니, 밥 먹기 전에 딸기 맛 우유나 작은 팩 우유 먹으면 아빠한테 혼나."

"넌 뭐 먹을 건데. 난 치킨너겟."

"난 비엔나 소시지볶음이랑 케첩이랑 쌀밥이랑 물."

"아빠한테 채소는 다 빼달라고 하자."

"그래, 근데 나 항문 주변이 간지러워."

"그러면 제자리에서 뛰든지 난간에 엉덩이를 비벼봐."

아이의 언어와 어른의 언어가 너무 다른 것 같지 않은가? 아마도 아이가 있는 집마다 그들이 사용하는 언어들이 있을 것이다. 우리 집도 '아빠 뒤로 돌아주세요.'는 말타기 놀이를 하고 싶다는 뜻이고, '배가 아프다'는 배부르다는 뜻이고 '아빠 우유'는 요구르트를 지칭하는 것처럼 어느 그룹이나 아이들만 사용하는 말이 있다.

나는 어른의 말로 이야기하고 아이로부터 어른의 언어로 말하길 요구했다. 결국 아이도 어른이 되니까 말이다. 하지만 아이는 아직 어른의 말을 제대로 알지 못한다. 아이가 말을 하니 어른의 말을 당연히 알고 있다고 여기는 것은 어른들이 생각하는 착각 중 하나다.

내가 수백 번 수천 번을 말해도 눈높이 대화를 해도, 결국 아이들이 알아듣지 못한다면 그건 아이의 잘못이 아니다. 아이의 수준에 맞는 말을 구사하지 못한 어른들의 책임이다. 아이와 부모가 행복하려면 나는 어른들이 아이의 말을 배워야 한다고 생각한다. 진정한 고수는 배우는 자를 탓하지 않는다. 내가 배우는 사람에게 맞춰서 설명해주면 되니까 말이다.

03

똑똑한 아이보다 인성 좋은 아이로 키워라

내가 군 생활하면서 부하를 다른 중대로 전출을 보낸 적이 딱 한 번 있었다. 지금 생각해도 좀 아쉬운 부분이다. 한 번도 '부하를 다른 곳으로 보낸 적 없다'는 타이틀을 얻지 못해서가 아니다. 내 품에서 떠나보낸 김 일병이 나중에 자신의 군 생활이 망가져 힘들어했기 때문이다.

나는 항상 부모님과 통화하면서 용사들을 챙겼다. 하루는 김 일병의 아버님께 전화가 왔다. '자기 아들이 요즘 좀 힘들어한다'고 했다. 나는 전화 주셔서 감사하다는 말을 전하고 바로 김 일병을 면담하러 갔다. 다른 사람들 모르게 조용히 개인 면담을 했다.

면담해보니 '자신이 군 생활하는데 주변의 선임병, 후임병과 잘 맞지 않다고 했다. 그래서 힘들고 중대 계원이 되고 싶다'고 했다. 나는 '일단 검토하겠다'고 약속하고 면담을 끝냈다. 나는 김 일병의 주변에 대해서 하나하나 살펴보기 시작했다. 그런데 주변 사람들의 김 일병에 대한 평판이 좋지 않았다. '불평불만이 많고 너무 자신의 이익을 따진다는 것이었다. 자기는 손해 보는 것을 싫어한다면서 수첩에 기록해가며 이익을 따진다는 것이다.' 예를 들면 누가 청소하면서 빗자루질을 몇 번 했고, 물걸레질을 몇 번 했다, 누가 세탁기를 몇 번 썼고 자신은 몇 번 썼다 하면서 말이다. 오히려 주변 용사들이 김 일병 때문에 자꾸 피곤하다고 했다.

그런데 나는 한 가지가 더 궁금했다. 김 일병은 왜 중대 계원을 꼭 집어서 하고 싶었다고 말했을까? 계속 확인해보니 김 일병의 아버님이 군대에서 계원을 하면 좀 편하다고 그곳으로 가라고 했던 것이다. 난 좀 어처구니가 없었지만 모르는 척하며 다시 김 일병을 면담했다. "지금은 계원을 뽑을 시기가 아니라 일단 자리가 없어. 네가 좀 더 열심히 생활하면 그때 다시 검토할게." 그리고 너무 셈하지 말고 조금 손해를 본다 생각하고 하면 오히려 돌아오는 게 많을 거라고 조언하고 면담을 끝냈다.

저녁에 김 일병의 아버지에게서 전화가 왔다. 당장 자기 아들을 중대 계원으로 보직을 조정하라는 것이다. 나는 속으로 '이런 미친 아버지가 있나, 자기가 직장 상사도 아닌데 나에게 계원으로 뽑아라, 마라냐.' 싶어 상당히 불쾌했다. 하지만 나는 화를 참고 자세히 설명해드렸다. 지금은 시기가 아니고 자리도 없다. 그리고 만약 필요하다면 중대도 나름의 기준이란 것이 있어 기준대로 처리한다고 재차 설명해드렸다.

하지만 김 일병의 아버지는 나에게 계속 자기 아들 보직을 조정하라고 강요했다. 나중에는 가만두지 않겠다며 욕까지 하셨다. 도대체 김 일병의 아버지는 뭐 하시는 분인지 확인해보니 서울에 위치한 유명한 은행의 지점장이셨다. 처음 접해본 이런 전화에 매우 기분이 나빴다. 하지만 부모로서 자식이 걱정되어 그런가 보다 하고 참았다. 그리고 이런 사실이 있음을 대대장님께 보고드렸다.

다음 날 대대장님께 갔더니 대대장님도 김 일병 아버지의 전화를 받았다고 한다. 대대장님뿐만 아니라 김 일병 아버님이 여러 군데 전화를 하셨다고 했다. 하지만 나의 중대에서 일어나는 일은 모두 나의 책임이고 나의 권한이다. 아무리 뭐라고 해도 '나는 받아들일 수 없다'고 완강하게 말했다.

내 고집을 알기에 절대 중대 계원이 될 수 없음을 이해하신 대대장님은 김 일병을 다른 중대로 조정하는 것으로 마무리하려 하셨다. 나는 '조정하면 김 일병 인생 망친다'며 반대했다. 하지만 그것은 나의 권한이 아니었다. 결국 김 일병은 다른 중대로 전출을 갔다. 떠날 때 김 일병은 마치 승리라도 한 듯 웃으며 그렇게 갔다.

한 달 뒤 김 일병의 아버지에게 다시 전화가 왔다. 김 일병 아버지는 순한 양이 되어 있었다. 자신이 잘못했다며 다시 자기 아들을 받아달라고 했다. 새로 옮긴 곳이 너무 힘들다고 아들이 매일 운다며 말이다. 나는 "안타깝게도 제 권한 밖이라 도움을 드릴 수 없습니다." 하고 전화를 끊었다. 김 일병 아버님은 또 여기저기 전화를 넣어 나의 중대로 돌아가게 해달라고 했다. 하지만 내가 받아줄 수 없다고 했고, 결국 김 일병은 타 중대에서 생활하다 전역했다. 들리는 말로는 다른 중대에 생활하면서 스트레스를 받아 담배를 피우기 시작했다고 했다.

너무 편한 것만 찾고 하나하나 따지면 자기는 좋아서 하는지 모르겠지만 주변 사람들은 그 사람과 함께 있는 것이 피곤하다. 하나하나 따질 시간에 그냥 내가 하면 일을 끝낼 수 있는데 사람들은 그런 수고를 절대로 하지 않으려 한다. 내가 지나고 나서 보니 하나하나 따지면 결국 손해는 따지는 사람이 더 봤던 것 같다. 그냥 처음부터 손해를 본다고 생각하고 하면 항상 얻는 게 더 많았다. 그래서 나는 아이들에게 이런 말을 한다.

"어차피 해야 할 일이면 지금 하고, 누군가 해야 할 일면 네가 하고 끝내라."

내가 딸에게 "오늘 수학 공부는 언제 할 거야?" 하고 우스갯소리로 물으면 딸이 답한다.

“어차피 해야 하니까 지금 해야겠죠, 알겠어요. 빨리 끝낼게요, 아빠.”

어릴 때부터 인사를 잘하면 칭찬을 많이 해줬다. 그러다 보니 아이에게 좋은 습관이 생긴 것 같다. 덕분에 주변에서 인사 잘한다는 소리를 참 많이 들었다. 인사를 할 때 나는 ‘소리를 내어 큰소리로 하고, 고개를 숙여서 인사하라’라고 교육한다. 인사란 것은 상대에 대한 기본적인 예의다. 그런데 말도 하지 않고 고개로만 하는 인사는 상대에 대한 예의가 아니다. 그냥 마지못해 인사란 형식을 갖추는 것일 뿐이다. 사람은 누구나 존경받고 인정받고 싶어 한다. 그래서 상대가 나에게 큰 소리로 인사하면 나를 인정해준다는데 싫어하는 사람이 없다. 그래서 좋은 인사를 받으면 순간적으로 주변의 분위기가 밝아진다.

하루는 딸과 데이트 하기 위해 고깃집에 갔다. 점심시간인데 한 팀뿐이었다. 딸이 “안녕하세요.” 하고 큰 소리로 인사하니 사장님과 식사 중인 손님들도 쳐다본다. 난 어색하기도 하고 조금은 민망하기도 했다. 그러면서 아이의 머리를 쓰다듬어주면서 ‘잘했다’고 칭찬해줬다. 삼겹살을 먹고 딸아이와 즐거운 식사 시간을 가졌다. 식사를 마치고 나오면서 내가 계산하려고 하는 사이 딸이 사장님께 인사를 했다. “사장님 고기 맛있게 잘 먹었습니다. 감사합니다. 안녕히 계세요." 너무 큰 소리로 고개 숙여 인사를 하니 사장님이 계산하려다 말고 잠시 딸을 쳐다봤다. "참 고맙다. 인사를 너무 잘해줘서." 근데 목소리가 울컥하시는 듯했다.

요즘 코로나로 힘들게 하루하루 버티시는 사장님들이 많다. 빈 테이블을 보면서 이 악물고 버티고 계신데 딸아이의 인사가 그런 사장님의 마음을 위로해주었던 모양이다. 얼른 눈물을 훔치시고 계산을 하시는데 딸아이 식사비는 안 받겠다고 하셨다. 나는 그러면 다음에 또 못 온다고 정상적으로 계산해달라고 했다. 한사코 식사비를 안 받겠다는 사장님과 나는 기분 좋은 실랑이를 하며 결국 음료수 가격을 할인받고 계산을 마무리했다.

딸이 나에게 물었다. "아빠, 나올 때 사장님과 무슨 말을 했어요?" 그래서 내가 말했다. "예진이가 인사를 너무 잘해서 사장님이 정말 고맙다고 하시더라. 인사는 상대를 즐겁게 하는 거니까 앞으로도 더 잘해. 인사 잘하는 사람이 최고야 알겠지?"

나는 고깃집을 다녀온 후 인사가 '상대방의 마음을 풀어줄 수 있다는 것'을 새롭게 알게 되었다. 그냥 형식적인 인사가 아니라 진심으로 인사를 하면 나의 작은 수고로 인해 다른 사람이 기분 좋아지고 잠시나마 행복을 느낄 수 있으니 참 대단하지 않은가?

'인사는 성공으로 가는 지름길'이라는 말이 있다. 올바른 예의를 갖추고 상대방의 마음을 헤아려 주니 지름길이라는 말이 나온 것 같다.

똑똑한 아이가 다른 사람보다 잘살 수는 있고 덜 상처받을 수는 있다. 하지만 인생은 혼자 사는 것이 아니다. 혼자 사는 것이 아니라면 조금은 손해를 본다는 생각으로 다른 사람의 마음을 헤아리면서 사는 게 좋지 않을까? 그리고 다른 사람에게 먼저 머리 숙여 인사를 건넨다면 사회가 조금 더 밝아지지 않을까? 나는 아이가 머리 쓰는 법에서 마음 쓰는 법을 잘하는 아이로 성장하면 좋겠다고 오늘도 한 번 더 생각한다.

04

인성을 가르치면 인생이 바뀐다

'건강한 육체에 건강한 정신이 깃든다.'라는 말이 있다, 요즘 사람들을 보면 체형은 커졌는데 체력은 저조하다. 그래서인지 정신적으로 미성숙한 사람이 많은 것 같다. TV에서 가끔 보도되는 '묻지 마 범죄', 얼마 전 친구를 감금하여 굶겨 죽인 '비인간적인 범죄'를 접하면 우리 사회가 정신적으로 많이 병들어 있는 것 같다는 생각을 자주 한다. 그러면서 아버지 세대들은 밥을 제대로 못 먹어서 배를 채워야 했지만, 우리 세대는 사랑이나 정을 제대로 못 먹어서 정신과 마음을 채워야 하는 것 아닌가 하는 그런 생각도 해본다.

그래서 지금 시대에는 인성이 좋은 사람이 중요하고 우리 아이의 세대가 주력이 되었을 때는 인성이 더욱더 중요하게 강조될 것이라는 생각이 든다.

조벽 교수는 『인성이 실력이다』에서 "인성이란 인생 성공의 줄임말"이라고 표현한다. 나는 이 말에 100% 동의한다. 인성이 좋을수록 결국 성공할 수밖에 없다는 것을 내가 아는 사람을 통해서도 많이 봐왔기 때문이다. 그런데 우리가 혼동해서는 안 될 것이 있다, 인성은 타고나는 것이 아니다. 인성은 인성교육을 통해서 후천적으로 만들어지는 것이다. 인성을 제대로 가르치면 좋은 인성을 가지게 될 것이고 그러면 성공하게 된다. 하지만 제대로 가르치지 못한다면 좋은 인성을 가질 수 없고 결국 성공과 멀어지게 된다. 그래서 아이를 성공시키려면 아이에게 '제대로 된 인성교육'을 부모가 시켜줘야 한다.

그러면 어떻게 가르쳐야 하는가?

나는 아이의 인성을 키우기 위해 항상 3가지를 반복해서 아이에게 이야기했다.

1. 나는 모든 분야에서 최고가 아니다. 하지만 나만이 잘하는 게 있다.

2. 나는 인사를 잘하고 사소한 것도 아빠 엄마한테 이야기 잘하는 아이다.

3. 내 이름은 심예진이다. 내 이름은 심예성이다. 내 이름은 심예준이다.

나만 세상의 최고가 아니다. 세상에는 나보다 잘난 사람이 엄청 많다. 항상 나만 최고이고 1등이라고 생각하면 스트레스를 받는다. 게다가 모든 면에서 잘하는 사람이 되려고 욕심부리면 더 많이 힘들다. 압도적으로 잘하기 위해서는 나의 노력이 두 배 이상 들어서 힘들다.

만약 나의 수준이 그대로라면 잘하는 상대를 비난해야 해서 그것도 힘든 일이다. 그래서 나는 모든 것에서 잘하기보다 자신이 다른 사람보다 잘하는 것만 집중하라고 교육한다.

"아빠는 누가 제일 좋아?"라고 아이들이 물어본다. "아빠는 너희 세 명이 다 좋아."라고 대답했다. 그러자 아이들이 일제히 소리를 지르며 폭동을 일으킬 듯 난리를 친다. "왜, 내가 1번으로 좋지 않고 모두가 좋다고 말해!"라며 아이들이 떼를 쓴다. 나는 수습에 나선다.

"아빠는 너희 셋이 각자 분야에서 다 최고라서 좋은 거야. 예진이는 귀엽고, 예성이는 잘생기고, 예준이는 멋지고, 이렇게 각자의 분야에서 최고인 거야."

그러자 아이들이 수긍한다. 아이들이 모든 분야에서 종합 1등을 겨루면 아이들끼리 서로 1등을 하려고 싸운다. 상대를 시기하기도 하고, 미워하기도 하고, 심지어 밥을 먹는 것 가지고도 1등을 하려고 지나치게 경쟁한다. 그런데 각자가 잘하는 분야를 정해두면 그 영역만 건들지 않으면 아이들은 경쟁자가 아니다. 서로 인정하는 협력자가 되는 것이다.

"예준, 제일 잘생긴 건 나지만 너도 조금 잘생겼어. 우린 쌍둥이니까. 근데 너는 멋진 거 1등이야. 나는 조금 멋지고."
"동생들아, 제일 귀여운 건 누나지만 너희도 나를 닮아서 조금 귀엽단다. 예성이는 잘생긴 거 1등, 예준이는 멋진 거 1등이야."

인성교육은 '최고 중에서 최고'를 가르치는 것이 아니다. '남들과는 다른 나만의 장점'을 드러내도록 가르치는 것이다. 즉 다른 사람을 경쟁자가 아니라 협력자로 인정하게 하는 것이다. 1등 하려는 병에 걸리면 아이는 1등 하는 곳만 찾는다. 처음에는 넓고 큰 무대를 찾지만, 현실을 인지하면 나중에는 작고 좁은 무대에서 1등만 하려고 한다. 그곳이 편하니까 말이다. 나는 아이들이 작고 좁은 무대에서 1등으로 살게 하고 싶지 않다. 넓고 아주 큰 무대에서의 삶을 희망하는 것이다.

나는 아이들에게 '인사를 잘해야 한다. 사소한 것도 아빠나 엄마에게 말한다.'를 계속 이야기한다. 내가 이것을 강조하는 이유는 내가 성공하는 사람들의 특징을 실제로 많이 봐왔기 때문이다.

군 생활하면서 주변을 쭉 지켜보니 잘하는 사람, 즉 성공하는 사람들은 항상 공통적인 2가지 특징이 있었다. 하나는 경례를 잘했고 다른 하나는 보고를 잘했다.

경례는 인사를 잘하는 것이다. 인사는 결국 사람과 사람의 기본 예의다. 나도 그렇다. 분명 나보다 후배인 것을 아는데 나랑 눈까지 맞췄는데 모른 척한다. 그러면 뭔가 기분이 나쁘다. '혹시 나를 제대로 못 봤나? 아닌데 분명 봤는데, 혹시 나를 싫어하나?, 그러다 나를 무시하는 건가?' 사람이 계속 신경이 쓰이면 좋은 것보다는 나쁜 쪽으로 생각한다. 그러면 자연스레 나쁜 이미지로 기억한다. 반면에 주변에 인사도 잘하고 가벼운 인사말도 재치 있게 건넬 줄 알고 주변을 챙기는 사람이라면 일단 좋은 이미지로 각인된다.

보고도 그렇다. 보고는 주어진 일에 대한 책임감이다. 일이 잘되든 제대로 되지 않든 간에 수시로 잘 보고하면 상대방은 안심이 된다. 일이 잘되고 있다면 그냥 그대로 두면 된다. 만약 일이 제대로 되지 않는다면 어떻게든 일이 조기에 마무리되도록 조치하면 끝이 난다. 그런데 보고를 하지 않고 혼자서 그리고 끙끙대고만 있다면 주변에서는 일이 되는 건지 안되는 건지 도통 알 수가 없다. 점점 불안하고 답답해진다. 그리고 보고를 지연해서 일의 시기를 놓치면 조직에 큰 손해를 끼치게 된다. 그래서 최초 보고, 중간 보고, 최종 보고라는 것도 있고 수시 보고, 정기 보고 등 다양한 보고가 존재하는 것이다.

일반 사회도 마찬가지다. 민간 기업에 다니는 친구에게 물어보니 군대와 다를 바가 전혀 없다고 한다. 민간 사회에도 인사 잘하고 보고 잘하는 사람이 결국 인정받는다고 한다.

나는 아이들에게 인사 잘하기를 계속 시킨다. '큰 소리로 허리 숙여서 인사하라'고 말이다. 아이들에게는 내가 보고를 받을 수 없다. 그래서 나는 목욕 시간을 최대한 활용한다. 목욕을 시킬 때 나는 될 수 있으면 한 명씩 번갈아 들어오게 하여 씻긴다. 그러면서 오늘 하루 어떻게 지냈는지 물어본다. 점심은 무엇을 먹었는지, 오늘 수업할 때 무슨 일이 있었는지, 그렇게 하면 아이들의 특이사항을 쉽게 파악할 수 있다. 목욕 간에 나의 반응이 가미되고 장난이 더해지면 아이들은 더욱 신나서 하루의 일과를 매우 자세하게 말해준다. 이런 방법으로 아이들에게 나는 보고를 받는다. 꾸준히 천천히 지속해서 이런 행동이 나중에 아이의 습관이 된다고 생각해보라. 분명 사람과의 관계에서 그리고 주어진 일에서 책임감이 달라질 것이다.

사람은 자기 이름대로 살게 된다고 한다. 그래서 요즘에는 좋은 뜻의 이름을 갖기 위해 개명도 자주 한다. 이름대로 산다는 것은 이름은 내가 말하는 것이 아니라 다른 사람이 나를 불러주는 것이다. 다른 사람이 불러주는 것에 따라 내가 그 틀대로 살게 되는 것이다. 내가 누군가의 이름을 불렀을 때 그것이 나에게는 꽃이 되는 것처럼 누군가가 '창우(昌佑)'라고 불렀을 때 나는 '크게 이루어서 남을 도우라'는 틀대로 사는 사람이 되는 것이다. 그래서 이름이 중요하다.

아이들에게 이름의 의미를 알려주는 것은 아이들이 자신의 삶을 자신의 이름처럼 바르게 부끄럽지 않게 살라는 의미다. 나는 딸아이의 이름 예진(藝陳)을 풀어 쓴 사자성어인 예단호진(藝鍛浩陳)을 족자로 만들어 벽에 걸어두었다. '예단호진'의 의미는 '재주는 단련하여 익히고 널리 베풀어라'는 의미다. 결국 성공해서 남에게 베푸는 삶을 살라는 것인데 이는 올바른 인성을 가지도록 노력하라는 의미이기도 하다.

인성 자체는 변하는 것이 아니다. 변해야 하는 것은 사회의 흐름에 따라 인성을 제대로 가르치는 방법이다. 아이에게 제대로 된 인성을 가르치는 것은 아이 자신의 역할이 아니다. 부모의 역할이다. 그래서 부모가 깨어 있어야 한다.

요즘은 배가 고파서 어렵고 힘든 사람은 없다. 하지만 정서적으로 배가 고픈 사람은 점점 많아지고 있다. 나만 종합 1등이 되어야 하는 것이 아니라 각자의 분야에서만 최고이면 된다. 사람 간의 기본예절을 지키고 자신에게 주어진 일에 책임감을 배워야 한다. 그리고 각자의 이름처럼 자신 있게 살면 된다. 그러면 인생의 성공은 자연스럽게 따라온다.

05

가르치려는 순간
아이는 멈춘다

휴직 후에 매일 반복되는 집안일을 차근차근 소화하면서 이제는 조금 여유라는 것도 생겼다. 그래서 내가 해보고 싶은 일을 해봐야겠다 싶어 무작정 인문 고전과 육아 책을 읽기 시작했다. 많은 책에 적힌 공통적인 이야기 중 하나가 아이가 책을 많이 읽으면 바르게 성장한다는 것이었다. 성공하려면 책을 많이 읽어야 한다는 이야기는 하도 많이 들었다.

나도 공감을 하는 부분이다. 그런데 지금 딸아이의 모습을 떠올리니 '글쎄, 아이가 전혀 책을 읽을 것 같지 않다.' 한숨을 내쉬고 고민했다. '어떻게 하면 책을 읽힐 수 있을까?' 갑자기 수학 공부도 떠오른다. '어떻게 하면 아이가 수학 공부도 하게 할 수 있을까?' 나를 위해서 읽기 시작한

책은 어느덧 '아이에게 어떤 것을 좀 더 가르쳐야 할까, 어떤 것을 알려줘야 도움이 될까?' 하는 고민으로 바뀌게 되었다.

딸아이가 어떻게 하면 책을 읽게 할까 하고 고민하다가 나는 한 가지 제안을 했다. "예진아, 아빠는 저기 있는 책들을 다 버리고 싶어." 그랬더니 아이가 너무 좋은 생각이라고 한다. "그런데 그냥 버리기 아까우니까 예진이가 읽은 책은 바로 버릴게. 어차피 다 읽으면 더는 볼 필요 없잖아." 딸아이는 뭔가 시큰둥하다. 그러면서도 버린다는 말에 혹이라도 떼는 듯이 좋아한다. "하루에 몇 개씩 버릴까?" 물었더니 아이는 "아빠, 그냥 다 버리면 안 돼요?"라며 재차 물었다. "아빠도 그렇고 싶은데 새 책이라서 한 번은 읽고 버려야 해." 나는 아이와 이야기하면서 하루에 2~3개 정도만 버리는 것으로 정리했다.

결국 아이는 책상에 앉아 책을 펴들었다. 나는 속으로 '성공했구나!' 싶었다. '이 정도 속도면 한 달이면 백 권 정도 읽힐 수 있겠다.'라며 나는 김칫국부터 마셨다. 그리고 30분 정도가 지나서 아이가 책을 다 읽었다며 나에게 책을 내밀었다.

"예진아, 너무 잘했어. 칭찬, 칭찬! 그런데 읽은 책 무슨 내용이야?"

아이가 웃다가 대답이 없다. 방금 다 읽었다며 책을 얼른 버리자고 가져왔는데 책의 내용을 말 한마디 못 하니 나는 당황스러웠다. 나는 아이에게 다시 물었다.

"예진아, 책을 두 권 읽었는데 두 권 중에서 한 권도 내용을 말 못 하면 어떻게 해?"
"아빠, 분명 읽었는데 근데 아무것도 생각이 안 나요."

나는 더 할 말이 없었다. 읽은 것은 맞다. 그런데 내용은 모른다. 약속을 어긴 것은 아닌데 그렇다고 지킨 것도 아니고 아주 난감했다.

딸아이의 학교 숙제 중에 매일 위인전을 읽고 한 줄의 감상평을 쓰는 것이 있었다. 담임 선생님은 숙제하지 않으면 학교에서 반드시 실시하고 하교를 시켰다. 그래서 딸은 독서 감상평은 꼭 해야 한다고 했다. 나는 속으로 '그래 잘됐다. 이거라도 시키자.' 하고 위인전을 읽고 한 줄 평을 쓰라고 했다. 한 20분쯤 지나서 아이가 작성한 것을 가져왔다.

오늘 읽은 책 제목은 『라이트 형제』다. '나는 하늘을 날았던 게 너무 신기했다. 나도 해보고 싶다.' 나는 아이에게 감상평을 너무 잘 썼다고 칭찬해줬다. 그런데 생각해보니 우리 집에 『라이트 형제』라는 책이 없는데 어디서 책을 봤지? "예진아, 그런데 『라이트 형제』 책은 어떻게 읽었어?" 그러자 아이는 유튜브로 라이트 형제를 봤다고 한다. 친구들도 책을 읽어 주는 유튜브로 자주 독서 감상평을 쓴다면서 말이다. 딸아이의 말에 난 잠깐 모든 것이 멈춘 듯한 느낌이 들었다.

아이에게 수학 공부를 시키기로 했다. 얼마 전 담임 선생님과 상담을 했다. 다른 과목은 괜찮은데 수학 수준이 많이 떨어진다고 한다. 지금도 아이가 많이 힘들어한다고 했다. 그래서 지금 도와주지 않으면 나중에 많이 힘들어할 거란 말이 자꾸 걸렸다. 하루는 집에서 딸아이에게 수학 계산 문제를 하나 냈다. "17+8은 뭘까요?" 아이는 한참을 생각한다. 그러다 도저히 머리로는 계산이 안 되겠다고 여겼는지 손가락을 펴서 하나씩 하나씩 접는다. "정답! 23 아니, 15 아니, 24!" 수수께끼를 맞추는 것도 아니고 정해진 답을 헷갈리는 아이를 눈앞에서 보니 진짜 수학 공부는 좀 시켜야 할 것 같다.

'그런데 수학 공부는 어떻게 시켜야 하지?' 담임 선생님은 내가 군인이고 쌍둥이 동생이 있어 딸아이에게 많은 시간을 할애할 수 없다는 것을 아셔서인지 학원에 보내지 않을 거면 자신에게 문제집만 하나 사달라고 하셨다. 그러면 학교에서 좀 더 신경을 써서 아이를 살피겠다면서 말이다. 선생님의 호의는 너무나 감사했다. 그런데 한편으로는 아이의 수준이 이렇게 저조한데 집에서는 나 몰라라 하고 선생님께만 맡겨놓는 것도 아닌 것 같았다. 그래서 나도 다시 가르쳐보기로 했다.

담임 선생님과 다시 상담했다. 수학은 지난번 아이에게 혼낸 경험이 있어 내가 말하면 거부반응만 나올 수 있어서 자문했다. 선생님께서 인터넷에 '일일 수학'이라는 문제집이 있다고 알려주셨다. 매일 무료로 배포되는데 수준별로 다양하게 문제가 구성되어 있으니 그것을 출력해서 주면 좋을 거라고 한다.

나는 딸아이에게 학원 가지 말고 일일 수학 문제만 풀자고 이야기했더니 딸아이도 동의한다. 문제의 수는 20여 문제 정도 되어서 금방 할 텐데 아이는 말이 없다. 두세 문제 풀다가 장난감 가지고 놀고 또 두세 문제 풀다가 가지고 놀고 영 진도가 나가지 않는다. 얼른 문제를 풀고 쉬자고 했더니 자세를 바로잡고 문제를 풀기는 하는데 또 문제를 풀고 멈추기를 계속 반복했다.

옆에서 아이의 모습을 보고 있자니 답답해서 속에서 천불이 나는 것 같았다. 한참 뒤, 다 풀었다고 가져온 시험지를 보니 거의 다 틀렸다. 문제에 숫자 6, 7, 8, 9만 들어가면 어김없이 다 틀렸다. 1학년 문제지인데…. 긴 한숨만 쉬어졌다.

어떻게 하면 공부하게 할 수 있을까? 나와 딸 사이에 거대한 벽이 서 있는 것 같다. 내가 뭔가를 하려고 이리저리하면 아이는 또 마지못해 끌려오는 것 같으면서도 항상 빠져나간다. 마치 '쥐를 코너에 몰았다'고 생각하는 순간 쏙하고 빠져나가는 것처럼 말이다. 내가 더 다가가면 나는 답답함을 느낄 것이고 그러면 짜증을 아이에게 낼 것 같다는 생각이 들었다. 그래서 마음을 좀 내려놓고 길게 보고 가자고 다짐을 했다. 당장 단기간에 두드러진 성과를 내야 하는 것도 아니고 내가 욕심부려서 덤빈다고 해서 반드시 해결될 것도 아니다. 잘못하면 서로에게 상처가 되니 좀 여유를 두자고 생각했다.

요즘 들어 쌍둥이 아들들이 어린이집에서 글을 배우더니 자꾸 책을 읽어달라고 했다. 아이들이 글씨를 알면 스스로 직접 읽으라고 하겠는데 글을 모르니 읽어줄 수밖에 없다. 그래서 잠들기 30분 전 책을 읽어주었다. 그랬더니 딸아이가 동생들이 책 읽는 침대방을 기웃기웃했다. 그러더니 갑자기 자기가 동생들에게 읽어주겠다고 나선다. 딸아이가 소리 내어서 책을 읽는데 뭔가 부자연스러웠다. 기계가 책을 읽는 것처럼 말이다. 나는 순간 무릎을 쳤다. 아이가 왜 책을 읽기 싫어하는지를 알게 되었다. 아이는 그동안 눈으로만 읽는 것에 익숙해져 있었다. 소리 내서 읽는 것이 익숙하지 않았다. 글자는 읽는데 단어와 문장의 의미를 알지 못하니 그동안 제대로 읽을 수가 없었다. 오직 글자만 알았으니 아무리 읽어도 무슨 말인지 알지를 못하고 그러니 책 읽기가 싫은 것이 당연했다. 아이의 책 읽히기를 포기해야 하느냐는 고민의 순간 쌍둥이에게 책을 읽어주면서 아이가 왜 싫어하는지를 알게 되었다. 그래서 방법을 바꾸기로 했다. 저녁에 책 한 권을 같이 보면서 서로 번갈아 읽으면서 공부하기로 말이다.

책 읽기의 문제점과 개선 방법을 알고 나니 수학도 뭔가 문제점이 있지 않을까 싶었다. 문제점을 알면 해결방안도 찾기 쉬울 테니 말이다. 나는 아이의 수학 문제집을 펼쳐봤다. 쉽게 설명은 되어 있었다. 그런데 풀이 방법이 서너 개가 있다. 그림으로 풀어나가는 방법, 숫자 5단위로 묶어서 푸는 방법, 10의 자리에서 10을 빌려와서 일의 자리에서 푸는 방법 등 이렇게도 풀 수 있고 저렇게도 풀 수 있고 내가 봐도 좀 혼란스러웠다. 꼭 이렇게 풀어야 하나? 수학은 어떻게든 정답만 맞히면 되는 거 아닌가? 그래서 딸에게 여기에 나와 있는 방법을 다 하려고 하지 말고 '자신이 잘하는 방식으로만 풀어보라'고 했다. 그랬더니 처음보다는 좀 더 나았다. 아이의 문제를 푸는 방법을 옆에서 자세히 보니 하나의 풀이법도 제대로 몰랐다. 그런데 다양한 방식으로 풀이 과정을 설명하는 게 아직 딸아이에게는 맞지 않는 것 같았다. 그러니 새로운 방식으로 푸는 문제는 당황해서 항상 멈추기를 반복했다. 이렇게 수학도 아이가 하나의 방식도 모르면서 다양한 방식을 공부하느라 힘들었다는 것을 알게 되었다. 이제 아이에게 다가서기가 훨씬 수월해진 것처럼 느껴졌다.

칠흑 같은 어둠 속에서 앞으로 한 걸음 내딛기는 쉽지 않다. 배운다는 것은 이런 어둠 속에서 앞으로 한 걸음 나아가는 것이다. 배우려는 사람에게 함부로 가르쳐서는 안 된다. 먼저 배운 사람은 알지만 처음 배우는 사람은 잘 모르기 때문에 어렵다.

어른들이 잘 안다고 가르치려 하는 순간 아이는 행동을 멈춘다. 지극히 당연하다. 그러면 멈추는 이유를 살펴봐야 한다. 자신의 능력을 초과하거나 자신과 맞지 않는 환경에 처했다면 멈출 수밖에 없다. 내가 만약 원인은 모른 채 나의 방법을 고집했다면 아이와 나 사이의 마음의 벽은 점점 두꺼워졌을 것이다. 나는 내가 생각하는 방법을 따라오지 못하는 아이가 싫었을 것이고 아이는 그것을 강요하는 아빠가 싫었을 것이다.

아이가 행동을 멈추고 있다면 절대 내 방식대로 가르치기를 강요해서는 안 된다.

06

가르치려 하지 말고 깨우치도록 기다려라

'지식은 집어넣는 것이지만 지혜는 끄집어내는 것이다. 아무리 수천 권, 수만 권의 책을 읽으며 지식을 집어넣어봤자 인생은 달라지지 않는다.' 나는 뭔가 답답하거나 쳐질 때 이 말을 곱씹어본다.

우리는 공부한다는 것을 계속 머릿속에 무언가를 집어넣는 것으로 생각한다. 그리고 집어넣은 것이 맞는지 틀리는지 그것에 관한 결과에만 환호하고 끝이다. 머리에 지식을 많이 넣었다고 무조건 지혜가 많이 나오는 것은 아니다. 그래서 배울 때는 지식을 얻기보다는 지혜를 얻기를 바라야 하는 것 같다. 지혜만이 인생을 바꿀 수 있기 때문이다.

나는 딸아이의 방식대로 풀어보라고 했다. 그랬더니 손가락을 쓰기도 하고 이랬다저랬다 하더니 결국 자기 방식을 만들었다. 하나의 숫자와 다른 숫자를 위아래로 배열하여 덧셈이든 뺄셈이든 그 방식대로 항상 풀었다. 문제가 한 줄로 나온다. 예를 들어 '15+23 =?'이라는 문제가 나오면 윗줄은 15 아랫줄은 23이라고 써서 일의 자리, 십의 자리로 계산하는 방식으로 풀기 시작한 것이다. 책에서 다른 설명이 나오면 나는 다른 방식은 그냥 무시하라고 했다.

자기에게 맞는 방식대로 덧셈과 뺄셈을 하면 되니까 편하게 하라고 했다. 반신반의하던 딸아이가 조금씩 문제를 풀기 시작했다. 한 달 정도 하다 보니 이제는 거의 다 맞췄다. 점점 아이의 문제 푸는 속도가 빨라지니 나는 조바심이 났다. 하루에 몇 장씩 더 풀면 금방 할 것 같아서였다. 그런데 그렇게 하면 아이가 너무 싫어할 것 같고 그냥 천천히 가기로 했다. 어차피 1학년 문제부터 풀기 시작해서 늦었으니까 말이다.

아이와 약속을 한 가지 했다. 딸아이는 학교 마치고 오면 스스로 수학 문제를 풀고 학습량은 본인이 스스로 정하되 최소 두 장은 풀기로 했다. 나는 딸이 수학 문제가 끝나면 더 공부하라는 소리 하지 않고 딸아이에게 자유시간을 부여하기로 했다. 그리고 이 자유시간에는 절대 잔소리하지 않기로 약속했다. 그렇게 아이에게 자기만의 방식으로 풀라고 하고 나는 채점해주고 틀리면 담임 선생님이 하던 것처럼 엑스 표 대신 별 표를 그려서 다시 한번 풀어보라고 주었다.

이렇게 약 석 달을 하고 나니 수학만 이야기하면 짜증부터 내던 아이가 덧셈과 뺄셈은 제법 한다. 이제는 구구단도 다 외웠다. 구구단을 할 때 내가 도와준 것은 노래를 부를 때 맞았는지 틀렸는지 한번 들어주는 것 외에는 없다. 구구단을 아이가 공부한 방식을 보니 유튜브로 2단에서 9단까지 노래를 계속 따라불렀다. 그리고는 커다란 스케치북에 그것을 혼자의 힘으로 써놓고는 그걸 보면서 자기 방식대로 계속 혼자 익히는 것이다. 수학이라면 싫다고 손사래를 치던 아이가 유튜브에서 구구단을 찾아서 자신이 정리한다는 것은 대단한 변화다. 이런 변화는 아이 스스로가 자신의 방식대로 하면 수학 공부도 할 수 있다는 것을 깨달았기 때문에 가능한 일이다. 그리고 그렇게 깨달을 때까지 속은 타들어갔지만 아이에게 부담을 주지 않은 기다림이 있었기 때문에 가능한 것이다.

쌍둥이 아들도 지금 영어와 한글을 공부하고 있다. 공부라기보다는 놀이를 하고 있다. 어린이집에서 일주일에 한 번씩 영어 수업이 있다. 아이는 그게 너무 재미있다고 한다. 그러다 우연히 누나를 따라간 문구점에서 1,500원짜리 알파벳 변신 로봇을 보게 되었다. 쌍둥이는 여기에 빠져 내게 자꾸 변신 로봇을 사달라고 했다. 나는 다른 자동차 변신 로봇보다는 이것이 나을 것 같았다. 처음에는 알파벳 한두 개 정도만 사줬다. 그랬더니 계속 만지고 놀면서 주변에 적힌 영어들을 계속 읽기 시작했다.

옷에 붙은 상표, 길거리 간판 등 영어만 보면 달려들어서 말하려고 했다. 그래서 A~Z까지를 주문해서 아이에게 선물로 주었다. 그랬더니 알파벳이 재미있다며 계속 이리저리 가지고 놀기 시작했다. 그리고 TV 프로그램에서 알파벳 노래를 찾아달라고 계속 졸랐다. 나는 찾아서 틀어줬다. 그랬더니 어느새 알파벳을 다 익혀버렸다.

한글도 비슷하다. EBS의 〈한글용사 아이야〉란 프로그램을 집에서 자주 본다. 어린이집에서 7세 반 형들이 한글 공부를 하니 자기도 배우고 싶다고 했다 한다. 선생님께서 반은 맞지 않지만, 아이가 하도 배우고 싶다고 졸라서 수업 때 옆에서 듣게 했다고 한다. 아이는 수업을 하면서 점점 한글이 재밌어졌다고 한다. 나에게도 한글책을 사달라고도 해서 정말 기본적인 책을 사줬다. 혼자서 색칠하고 따라 그리면서 글을 익히기 시작했다.

하루는 책을 '뚫어져라' 쳐다보길래 뭘 하는지 물었더니 서재에 꽂힌 책의 제목을 읽고 있었다. 『엄마의 말 공부』, 『화내는 엄마 눈치 보는 아이』하면서 말이다. 아직 전부를 읽지는 못하지만 틈만 나면 글을 읽으려고 시도하는 것이 조만간에 다 읽을 것 같다.

아이의 공부는 가르치려고 하지 말고 그냥 두라고 한다. 부모는 환경만 만들어주는 것이지, 그 안에서 제대로 배우기도 하고 좌절하기도 하고 경험하는 것은 아이의 몫이라는 것이다. 내가 해보니 정말 맞는 말이다. 부모가 무엇을 처음부터 도와주면 이상하게 조바심이 난다. 뭔가 성과를 내야 한다는 강박처럼 말이다. 아마 내가 아이들을 가르치려고 욕심을 부렸다면 절대로 아이와 나의 관계는 원만하지 않았을 것이고 아이들도 공부에 흥미 자체를 잃었을 것이다. 그냥 아이가 하는 행동을 내버려두고 아이가 스스로 무언가를 느끼도록 부모는 기다려주면 된다. 이 기다림을 하지 못하니까 항상 아이의 생활에 개입이 이루어지는 것이다.

아이의 먹고, 입고 생활하는 많은 부분도 마찬가지다. 내가 하루 늦잠을 자서 늦게 일어났더니 아이들이 벌써 학교에 갈 준비, 어린이집에 갈 준비를 다 하고 있었다. 아이들이 하지 못하는 게 아니라 그동안 내가 기다리지 못하고 지나치게 먼저 다 해치워버리니까 아이들은 자신이 하지 못한다고 생각하고 지낸 것이었다. 그래서 아이들에게 내가 먼저 시범을 보여주고 스스로 할 수 있게 계속 기다려주기로 했다.

"예성아, 예준아, 세수할 때는 이렇게 하는 거야. 아빠 하는 거 봐."
"양치질은 아빠처럼 이렇게 해봐."

이렇게 방법을 먼저 알려주었다. 처음에는 못했다. 세수하라고 하니 고양이 세수도 아니고 얼굴에 물을 묻히는 수준이다. "예준, 왜 이렇게 잘해. 세수 너무 잘했다. 근데 이마에 세균이 있을 수 있으니까 나쁜 세균을 물리칠 수 있게 세수 한 번 더 하고 와." 옛날 같았으면 내가 가서 금방 씻기고 끝낼 일이다. 그런데 아이에게 거짓 칭찬을 하면서 한 번 더 하고 오라며 스스로 하도록 그렇게 기다렸다. 막내가 먼저 하나씩 하기 시작하자 둘째도 혼자서 하기 시작했다. 막내에게 지기 싫은 것 같다. 아이들의 행동이 마음에 들지 않아 속은 터지지만, 마음을 편하게 가지고 커가는 과정이라 생각하니 이해가 된다. '에잇, 늦으면 내가 데려다주면 되지 뭐.' 그렇게 속 편하게 생각한다. 아이들이 준비를 늦게 해서 지각한 적은 한 번도 없다. 정작 내가 늦잠 자서 지각은 몇 번 했지만 말이다.

이렇게 계속 반복하다 보니 세수는 이제 아이들이 한다. 처음에 치약을 못 짜서 도와줬지만, 그것도 이제 혼자 알아서 한다. 옷도 스스로 골라 입는다. 아직 내복과 외출복을 구분하지 못해서 그 정도는 도와주지만, 이제는 옷도 양말도 자기가 선택하고 스스로 입는다.

가끔 밥 먹을 때 나도 무의식적으로 숟가락을 빼앗아 아이에게 먹여주려고 한다. 그러면 아이들이 이제는 '스스로 먹을 거야.' 하고 내가 먹여주는 것을 거부한다.

이런 아이들의 모습을 보면서 아이가 정말 할 수 없어서 부모에게 도와달라고 부탁하지 않는 한 절대로 먼저 나서서 도와주지 말자고 다짐한다. 도와주는 것이 바로 아이를 망치는 것이고 부모도 피곤해지는 길이기 때문이다.

혹시 그래도 아이에게 뭔가를 가르쳐야겠다거나 아이가 깨달을 때까지 기다리기가 힘들다면 아이를 데리고 밖으로 나가라. 아이가 가보지 못한 곳으로 여행을 가거나 키자니아처럼 직업체험을 할 수 있는 곳에 가는 것은 당장 실행해도 된다. 책에서 석굴암을 백 번 보는 것보다 한 번 가서 직접 보는 것이 더 빠르게 크게 깨달을 수 있기 때문이다. 보는 만큼 알게 되고 아는 만큼 느끼게 되고 느끼는 만큼 크게 깨닫게 된다.

아이에게 자꾸 나의 방식을 가르치려 하니까 아이가 깨우칠 수 없는 것이다. 조금만 더 기다려서 아이가 깨우치면 부모의 가르침이 필요 없어지는데도 말이다.

07

학교에서 가르치지 않는 것을 알려주라

우리는 학교에서 많은 것을 배운다. 말과 글, 외국어, 기본적인 연산, 예절, 역사, 기술 등 사람이 살아가는 데 필수적으로 알아야 하는 많은 것을 배운다. 그래서 '국민 공통 기본교육과정'이라고 부르고 이 단계에서 조금 더 깊이 있게 배우면 고등교육 또는 심화 교육이라 부른다. 그런데 한 가지 '불편한 진실'이 있다. 이렇게 학교에서 배우는 여러 가지 지식이 생활에 유용한 것은 맞다. 하지만 인생을 살아가는 데 진짜 중요한 것들은 학교에서 가르치지 않는 것이 훨씬 많다는 것이다. 사람과의 관계, 처세술, 성공학, 돈 공부 등 이런 것은 사회에 나와 혼자 부딪히며 비로소 처음 접하는 것들이다.

한국인의 기대 수명이 평균 83세라고 한다. 이렇게 보면 나도 인생의 절반을 살았다. 그런데 아직도 인생에 있어 중요한 것을 모르는 게 많다. 지금 내가 알고 있는 것을 한 10년 전에만 알았더라면 얼마나 좋았을까? 나는 가끔 이런 생각을 해본다. 그래서 이런 마음 때문에 어른들이 아이에게 잔소리 아닌 잔소리를 하나 보다. '살아보니까 이것이 중요하더라'고 말이다. 그래서 나도 아이들에게 잔소리 아닌 잔소리를 했다. 아이들이 이 3가지는 꼭 생각하고 살았으면 좋겠다 싶었기 때문이다.

나는 아이가 자기 자신을 제일 사랑하는 사람이 되었으면 좋겠다고 생각한다. 세상에는 이상한 사람이 참 많다. 뉴스를 보면 '묻지 마 범죄'나 생각하지도 못한 기상천외한 사건 사고가 점점 잦아지는 것 같다. 그리고 이상하지는 않은데 어리석은 사람과 진실하지 않은 사람도 참 많다. 어디 그뿐인가? 세상을 살다 보면 이유 없이 나를 힘들게 하는 사람도 있다. 특히 내가 성공할수록 시기와 질투가 깊어진다. 그러니 그런 사람을 만나더라도 상처받지 않아야 한다. 그러기 위해서는 우선 자기 자신을 사랑하는 법을 배워야 한다.

얼마 전, 딸이 학교에 등교하는데 돌봄교실의 친구 송이를 만났다. 딸은 반가운 마음에 달려가 송이에게 인사하고 같이 학교 가자고 했다. 그런데 송이는 "싫어." 하면서 딸아이 눈앞에서 다른 친구 지연이와 학교를 가버렸다. 딸아이는 좀 당황한 것 같았다. 어차피 같은 방향이고 지연이도 다 아는 사이였는데 말이다. 눈앞에서 싫다며 떠나는 친구의 모습을 본 딸아이는 조금 상처받은 것 같았다. 딸아이는 조금 울먹울먹하고 기분이 좋지 않아 보였다.

나는 차에 딸아이를 태웠다. 멀리서 처음부터 지켜본 나도 기분이 안 좋았다. 그냥 혼자서도 갈 수 있는데 괜히 이야기해서 거절당하고 온 꼴이 탐탁지 않았기 때문이다. 마음 같아서는 쫓아가서 친구 녀석에게 꿀밤이라도 한 대 주고 싶었다. 얼른 딸아이를 차에 태워서 딸에게 돌려서 말했다.

"예진아, 송이랑 지연이가 둘이서만 할 이야기가 있나 봐. 오늘 친구들이 예진이랑 같이 가면 더 좋았을 텐데 친구들이 좋은 기회를 놓쳤네."

아이의 귀에는 내 말이 전혀 들리지 않는 듯했다. 나도 더는 말하지 않았다. 차가 학교 근처에 도착했을 때 딸에게 말했다.

"예진아, 친구가 같이 가지 않는다고 해서 기분 나빠 하지 마. 다른 사람이 하는 말에 기분 나쁘고 상처받고 하면 너만 더 아파. 아빠는 예진이가 다른 사람 말에 휘둘리지 말고 멋지게 오늘 하루 보내면 좋겠어."

딸아이는 "네, 알겠어요. 아빠." 하고 학교에 갔다.

다른 사람의 말과 행동 때문에 나도 상처받은 경우가 있었다. 가슴을 후벼 파는 상사의 폭언에 어금니 꽉 깨물고 '죄송합니다'만 반복했다. 내가 무엇을 잘못했는지 모른 채 말이다. 다른 사람이 나를 미워하고 내가 그 말에 계속 신경 쓰다 보니 나만 아프고 힘들었던 것 같다. 살아보니까 그런 것은 그냥 무시하면 되었다. 내가 세상의 모든 사람에게 좋은 사람이 될 수는 없다. 그런 사람들 때문에 나의 소중한 인생을 아프게 해서는 안 되었는데 그게 지금도 후회된다.

나는 내 아이들이 주변에서 자신을 힘들게 할수록 자신의 삶에 집중했으면 좋겠다. 그러기 위해서는 자신을 더욱 사랑해야만 한다. 다른 사람에게 휘둘리지 않게, 때로는 행복한 이기주의자가 되었으면 좋겠다.

아이에게는 돈 공부가 필요하다. 나는 세상의 최고 진리라고 생각한다. 유대인들은 어린아이 때부터 돈 공부를 가르친다고 한다. 노동으로 돈을 버는 법과 돈을 굴리는 법, 돈의 역사, 돈의 가치 등 많은 것을 가르친다고 한다. 나의 아버지는 어릴 때부터 '돈, 돈' 했지만, 노동으로 버는 돈이 최고라고만 나에게 가르쳐주셨다, 그런데 살아보니 노동으로 버는 돈도 중요하지만, 경제 지식을 통해 합법적으로 벌어들이는 경제 소득도 매우 중요했다. 이런 것은 학교에서 절대 가르치지 않는다.

나는 아이에게 매주 용돈으로 5,000원을 준다. 아이가 하루에 다 쓰든 쓰지 않든 자유다. 집에서 가족이 쓰는 물건은 내가 계산하지만, 개인적으로 쓰는 물건은 꼭 자신의 용돈으로 해야 한다. 딸아이는 용돈을 차곡차곡 모았다. 그러다 순간적으로 사고 싶은 장난감이 있어 7,000원을 한 번에 지출했는데, 살 때는 좋아했지만 저녁에는 괜히 힘들게 모은 돈을 한 번에 썼다고 기분이 안 좋다며 울었다. 그래서 내가 이렇게 말했다.

"물건을 살 때는 꼭 필요한지, 산 뒤에 후회하지 않을지 잘 생각해. 순간적으로 다 사버리면 너의 소중한 돈이 사라지니까."

딸아이는 그 일이 있고 난 뒤 돈을 잘 안 쓴다. 그리고 차곡차곡 돈을 모아 어느덧 24만 원을 모았다.

나는 그 돈을 아이 이름의 통장에 넣어주었다. 아이는 매주 돈을 꼬박꼬박 통장에 모으면서 그게 기분이 좋다고 한다. 나는 다시 아이에게 이야기했다. "돈을 벌려면 많이 써야 해. 그런데 아무 곳에나 쓰지 말고 가치 있는 곳에다 써야 해. 네가 잠자는 순간에도 너를 위해 돈이 돈을 불러오게 해야 해. 그래야 부자가 될 수 있어." 아이가 도대체 그게 뭐냐고 물었다.

나는 경제소득이 뭔지를 설명해줬다. 그리고 아이의 돈 일부로 삼성전

자와 S&P 500 ETF 주식을 사주었다. "아빠, 나 추가로 저금하지 않았는데 갑자기 500원이 늘었어.", 아이는 신기한 듯 어떻게 하는 거냐고 계속 물어본다. "예진아, 너는 회사의 주주야. 회사가 열심히 일해서 더 많은 돈을 벌고 있는 거야. 그래서 너에게 돈을 투자해줘서 고맙다고 이자를 주는 거야." 아이에게 설명은 해줬는데 제대로 알아듣는 것 같지는 않다. 그래도 돈이 어떤 것인지는 조금은 이해하는 것 같다.

나도 돈에 대해서는 솔직히 잘 몰랐다. 딸아이 하나 양육할 때는 부족함을 느껴본 적이 없다. 그런데 쌍둥이가 태어나면서 세 명을 양육해보니 기본적인 것만 하고 생활한다고 해도 빠듯했다. 그래서 어떻게 하면 조금이라도 더 벌 수 있을까 해서 경제 공부를 시작했다.

이렇게 공부를 하면서 나는 자본수익에 대해서 눈을 뜰 수 있었다. 그러면서 자산도 조금씩 늘릴 수 있었다. 무엇보다도 금리, 환율, 물가지수 등에 따라 움직이는 사회의 모습, 정치와 어떻게 연계가 되어 있는지, 주식이나 부동산의 흐름이 조금씩 보였다. 게다가 사회의 흐름을 통해서 군에서 벤치마킹할 만한 새로운 아이디어도 많이 보였다. 그동안 주변에 이렇게 좋은 아이템이 많았는데 눈뜬장님이었구나 싶었다. 그래서 나는 어릴수록 돈의 흐름에 대해서 아이가 조금씩 익히는 게 필요하다고 생각한다. 그래야 세상살이가 쉽다.

다른 사람이 도와달라고 말하기 전에는 절대로 먼저 나서서 도와줘서는 안 된다. 다른 사람이 나의 도움을 필요하지 않을 수 있고 필요했지만 나중에 말을 바꿀 수도 있다. 그리고 도움을 요청할 때 내 능력이 안 되면 거절해야 한다. 그렇지 않으면 나를 위험하게 한다.

하루는 아이들과 함께 호텔 수영장에서 놀고 있었다. 아이를 잠시 맡겨두고 나도 한번 놀자는 마음에 혼자만의 수영을 시작했다. 그랬더니 쌍둥이 아들들이 아빠가 물에 빠져서 허우적대는 것으로 생각했나 보다. 둘째는 물 밖에서 울고 막내는 아빠를 구한다고 물에 뛰어들었다. 겨우 다섯 살짜리가 말이다. 아이는 수영을 못해 허우적대고 있었다. 얼른 구조해서 놀란 아이를 다독였다. 어느 정도 진정이 되고 나서 나는 막내를 칭찬했다. 나를 구하려고 물에 뛰어들었으니 말이다. 옆에서 듣고 있던 아내가 오히려 막내를 혼내고 둘째를 칭찬했다. 나는 그래도 막내가 나를 구하려고 뛰어든 것이 대단하지 않냐며 아내의 말에 반박했다. 그랬더니 아내가 말한다.

"만약 물에 빠진 게 당신이 아니고 다른 사람이면 그런 말을 할 수 있어?"

"절대 안 되지. 수영도 못하는 놈이 어딜 뛰어들어."

"거봐, 남이 도와달라고 한 것도 아니고 설령 도와달라고 했더라도 자기 능력이 안 되면 하면 안 되는 거지. 예준이처럼 덤비다가는 잘못하면 자기만 큰일 나."

아내의 말이 처음부터 끝까지 다 맞았다. 도와달라고 하지도 않았는데 혼자 생각하고 했다가 진짜 큰일 난다.

부모가 아이에게 진짜로 원하는 것은 무엇일까? 아마도 '내 아이가 성공하는 삶을 사는 것' 그것을 진짜로 원할 것 같다. 그래서 나보다 더 나은 삶을 살도록 아이들을 위해서 학교에서 가르치지 않는 것을 가르쳐주어야한다. 이것은 억만금을 가지고도 절대로 살 수 없는 귀중한 자산이다. 나는 아이들이 다른 사람의 말에 휘둘리지 않고 자기 자신을 사랑하는 사람이 되었으면 좋겠다. 그리고 세상의 판을 바라볼 수 있는 진짜 돈의 모습을 어릴 때부터 배웠으면 좋겠다. 마지막으로 다른 사람이 도와달라고 할 때만 도와줄 수 있는 사람이 되었으면 좋겠다.

08

자신의 가치를 스스로 결정하게 하라

『성경』 마태복음 7장 6절에 "거룩한 것을 개에게 주지 말며 너희 진주를 돼지 앞에 던지지 말라 저희가 그것을 발로 밟고 돌이켜 너희를 찢어 상할까 염려하라."라는 구절이 있다. 내가 좋아하는 말씀 중에 하나다. 가치는 그것을 알아볼 수 있는 사람에게 가야 한다. 그래야 제대로 쓰일 수 있다. 가치를 알지 못하는 사람에게 아무리 귀한 것을 주어도 그들은 절대로 감사한 줄 모른다. 그래서 사람들에게 좋은 것을 줄 때는 공짜로 주어선 안 된다는 말이 그냥 나온 것이 아니다. 공짜로 받은 물건이나 지식은 그냥 버리지만, 값을 주고 산 물건이나 지식은 본전 생각에 어떻게든 활용하려고 들기 때문이다.

군대에서도 한때 멘토와 멘티의 열풍이 불었다. 그래서 전입 신병이나 초급 간부들이 오면 선임병이나 선임 간부 중 우수한 인원을 멘토로 선발했다. 그리고는 거의 1:1 방식으로 멘토와 멘티를 지정해주었다. 나는 멘토와 멘티를 선정할 때 이렇게 일방적으로 선정하는 것이 탐탁지 않았다. 그 이유는 사람마다 좋아하는 사람 싫어하는 사람이 있어 개인의 성향을 모르고 무작정 선정하면 오히려 아니한 것만 못한 결과가 나오기 때문이다. 그리고 멘토라는 의미를 나는 조금 다르게 생각했다. 그냥 나보다 나은 선임, 단순한 스승이 아니라 '인생의 롤 모델'이라고 생각했다. 자신이 닮고 싶은 사람이 나를 챙기는 멘토라면 얼마나 좋겠는가? 그래서 일방적으로 선정하는 방식보다는 시간이 조금 걸리더라도 멘티가 자신이 좋아하는 멘토를 희망하고 그 멘토가 수락하는 방식으로 선정하면 어떨까 하고 고민했었다. 실제로 이렇게 활용되지는 않았지만 나는 아직도 그렇게 생각한다.

나도 한 후배 장교의 멘토가 되었다. 내가 생각한 방식은 아니지만 지정된 이상 책임감을 느끼고 해야 한다. 그래서 나는 다른 인원보다 더 관심을 가지고 챙겼다. 먼저 살아본 선배로서의 인생 이야기, 군 생활의 진로, 애로사항 등 조금이라도 후배 장교가 도움이 되었으면 좋겠다는 생각에 아낌없이 퍼주었다.

하루는 자신의 군 생활 진로에 대해서 고민이라며 한 통의 문자가 왔다. 자신의 인생의 방향성을 물어보는데 딸랑 문자 한 통으로 묻는다? 나는 이건 아닌 것 같았다. 기분도 그다지 좋지 않았다. 하지만 '어리니까 아직 잘 몰라서 그렇겠지.' 하고 나쁘게 생각하지 않았다. 그리고 여기저기 수소문하고 모르는 정보를 정리해서 후배의 진로에 대해 진심으로 조언해주었다. 그리고 다른 사람에게 조언을 구할 때는 문자로 하기보다는 다른 방법을 시도하면 더 많은 것을 얻을 수 있을 거라는 인생의 조언까지도 함께 말이다.

얼마 뒤 다시 후배 장교로부터 추가 상담 요청이 왔다. 다시 문자 한 통으로 말이다. 설명해주었는데 또다시 문자 한 통으로 자신의 고민을 조언해 달라는 것이 기분 나빴다. 하지만 다시 좋게 생각하고 내 생각을 정리해서 알려주었다. 그랬더니 지난번에는 이렇게 조언하고 지금은 왜 다른 방향으로 이야기하며 지난번에 내가 조언한 내용을 캡처해서 나를 추궁했다. 난 어처구니가 없었다. 자신의 상황을 제대로 이야기하지도 않았고, 지난번과 지금은 상황이 달라졌다. 그러면 조언의 방향이 당연히 달라질 수 있는 것이다. 그런데 캡처해서 나를 추궁한다. 그리고 책임을 묻는다. 기껏 여기저기 수소문하고 정보를 분석해서 조언해주었더니 감사 인사 대신 비난뿐이라 씁쓸했다. '이 친구가 나를 이 정도로 생각했구나?' 그동안 내가 진심으로 조언한 것은 후배가 느끼기에 전혀 가치 있는 것이 아니었다. 그냥 참고일 뿐. 나의 조언의 가치를 모르는 사람에게 나의 소중한 시간과 노력을 쏟은 것이다.

나는 아이들에게 좋은 멘토를 스스로 찾으라고 이야기한다. 남이 짝지어준 멘토는 자칫 나의 '드림 킬러'가 될 수 있다. 그래서 자신이 닮고 싶은 '롤 모델'을 스스로 선정하라는 것이다. 그래야 롤 모델이 어떤 가치를 가지고 있는 사람인지 알게 된다. 그리고 자신도 그런 가치를 가지기 위해서 부단히 노력하기 때문이다.

나는 아이들이 '스스로 자신을 가치 있는 사람이라 여기도록 자존감을 길러주고 자신의 정체성을 깨닫게 가르쳐야 한다'고 생각한다. 즉 '나는 이런 능력을 갖췄어. 그리고 이 분야는 내가 조금 더 열심히 하면 더 잘할 수 있어.'처럼 아이 스스로 자신을 특정 분야에서 쓰임이 있는 사람이라고 생각하는 힘을 키워야 한다.

자신이 어떤 능력을 갖추고 있는지 알기 위해서는 어릴수록 다양한 것을 시도해봐야 한다. 대다수 부모님이 자신이 살아보니 이런 것들이 필요하다고 느껴 아이를 학원으로 보낸다. 아니면 맞벌이라 아이를 맡길 때가 없어 학원으로 돌린다. 아이에게 진짜로 자신이 해보고 싶은 것이 무엇인지를 한번 물어보라. 아이가 스스로 생각하고 선택한 방향으로 가는 것과 부모가 정해주고 끌려가는 것에는 큰 차이가 있다.

하루는 딸아이가 TV에서 발레리나를 보더니 뭔가 좋았나 보다. 자신도 저렇게 공연해보고 싶다며 집에서 이리저리 뒹굴고, 발을 옆으로 벌리고, 점프까지 해댄다. 이제는 자신도 제대로 배우고 싶다며 발레 학원을 보내달라고 한다. 그래서 나는 보내줬다. 한 달 정도 해보더니 자신과 발레는 맞지 않는다며 그만 다니겠다고 했다. 나는 학원이 싫어서인지, 다른 불편함이 있어서인지 물어봤다. 아이가 생각하는 발레리나의 모습과 현실은 다르다는 것을 느꼈기 때문이라는 것이다. 나는 발레 학원을 그만 보냈다.

이번에는 딸아이가 태권도장을 보내달라고 한다. 친한 친구가 다녀서 그런가 생각했다. 나도 태권도는 오래 해서 좋은 것을 알기에 흔쾌히 동의했다. 그렇게 한 달 정도 다니더니 이번에도 태권도와 자신은 맞지 않는다며 그만 다니겠다고 했다. 품새를 익히고 새로운 동작을 배우는 것은 좋은데 뛰는 것이 많아 힘들다는 것이다. 그래서 태권도장도 바로 그만 보냈다. 아이는 나에게 발레도 좋고 태권도도 좋다고 했다. 다만 자신은 뭔가 차분하게 하는 것을 좋아하는데 해보니 자신과는 맞지 않는 느낌이 들어 싫다고 했다. 그래서 나는 '스스로 그 느낌을 알게 되었다면 그게 정답'이라며 딸아이 선택을 지지했다.

또 딸아이가 미술을 해보고 싶다고 한다. 이번에도 '금방 또 그만두겠지.' 했는데 이번에는 계속 다니고 있다. 아이는 미술학원에 다니는 것이 즐겁다고 한다. 나는 친한 친구들이 많아서 그런가 하고 아이를 의심했다. 그런데 학원에 친한 친구는 없었다. 아이는 자신이 생각하는 것을 그리고 만드는 이런 활동 자체가 너무 재밌다는 것이다. 하루하루가 너무 기대된다면서 말이다.

"아빠, 저는 제가 생각하는 것을 다양하게 표현하는 것을 좋아하는 것 같아요. 그래서 그런 걸 많이 해보고 싶어요." 그래서 나는 열심히 즐겨보라고 했다.

해보면 안다. 좋은 점과 불편한 점이 무엇인지를 말이다. 이런 것을 통해 자신을 알아가는 것이 중요하다. 자신을 알아야 어떤 것을 더욱 빛나게 할지를 알 수 있기 때문이다. 딸아이는 이제 클레이 아트와 연극, 방송 댄스도 배운다. 자신이 모두 스스로 선택한 것이고 나는 지원해주는 것이다. 이런 다양한 경험을 통해서 아이는 자신이 무엇을 잘하는지 부족한지를 스스로 깨닫고 자신의 가치를 키우고 있다.

백화점에 가면 아무리 불경기라고 해도 명품 샵 앞에는 항상 줄이 길게 서 있다. 그들은 왜 길게 줄을 서는 걸까? 비싸지만 몇 개 없고 써보니 만족도가 높다. 그래서 그 제품의 가치를 알기 때문에 서로 사려고 긴 줄을 마다하지 않는 것이다. 그러면 이런 명품의 가치는 누가 결정하는가? 소비자가 결정하는 것이 아니다. 명품을 만든 회사에서 이 제품의 가치는 이 정도 된다며 회사가 결정한다. 만약 명품의 가치를 소비자가 결정한다면 그 물건들이 명품이 될 수 있을까? 샤넬, 루이비통 등은 시장에서 파는 가방과 똑같이 되었을 것이다. 내가 욕을 먹는 것은 나 스스로 나의 능력에 가치를 부여하지 않았기 때문이다. 그래서 나의 가치는 다른 사람들이 정해준 대로 값이 매겨진 것이다.

그래서 나는 아이에게 자신이 잘하는 것을 키우되 자신의 가치를 스스로 결정하라고 교육한다. 자신의 진주를 돼지 앞에 던지지 말라고 말이다.

5장

아이의 마음을

잘 헤아리면

아이는 저절로 자란다

01

부모의 방식으로 사랑하는 것을 그만하라

부모라는 것을 두 번 경험해볼 수 있다면 얼마나 좋을까?

만약 두 번 경험할 수 있다면, 나는 한 번은 천사 또는 악마 같은 부모가 되고 싶고 또 한 번은 그냥 평범한 부모가 되고 싶다. 천사나 악마 같은 부모가 되어보면 어떤 것이 아이를 위해서 좋은 것이고 부모 관점에서 상처인지 다 알 수 있을 것이다. 그러면 평범한 부모가 되었을 때 적절하게 조정하면서 살 수 있으니 얼마나 편하고 효율적이겠는가? 그런데 아쉽게도 우리는 부모란 것을 처음이자 마지막으로 딱 한 번 한다. 그래서 아이에게 상처를 주고 나도 상처를 받고 그렇게 사는 것 같다.

아이들에 대한 내 마음도 다른 부모와 다르지 않다. 똑같다. 그저 좋은 것만 주고 싶고 하나라도 더 챙겨주고 싶다. 그리고 절대로 나의 부족했던 모습은 닮지 않았으면 좋겠다는 마음뿐이다. 그래서인지 아이가 못하면 못해서 잘하면 잘해서 자꾸 잔소리만 늘고 나의 의지를 아이에게 강요하려고 한다. 내가 바뀌어야 하는데 나는 그대로이면서 아이만 바뀌길 바라면서 말이다.

나의 아버지는 집안에 형제가 많고, 입에 풀칠하기 어려워 취업 전선에 바로 뛰어들어 형제들 뒷바라지를 하셨다. 그래서 제대로 배우지 못한 것에 대한 한을 가지고 사셨다. 그래서 아버지는 나에게 항상 '공부, 공부, 공부'를 강조하셨다. 당신의 배우지 못한 서러움을 나를 통해 씻고자 하셨다. 나는 공부를 못하는 편은 아니었다. 하지만 특목고를 진학할 만큼의 실력은 되지 않았다. 아버지는 출세하려면 무조건 과학고를 가야 하고 만약 과학고를 가지 못한다면 학교 다니지도 말라며 엄포를 놓으셨다. 아버지의 기준에서는 과학고만이 출세와 연결된 정답이었다.

내가 부모가 되고서 나도 딸아이에게 '수학 공부, 수학 공부, 수학 공부.' 하며 잔소리를 많이 했다. 아이가 수학 때문에 힘들어한다고 하고 내가 집에서 공부시켜보니 나도 답답해서 미칠 것 같았다. 아이도 수학은 잘 몰라서 싫은데 아빠가 매일 야단만 치니 더 힘들어했다. 나는 아이가 싫다고 했지만 무조건 수학 학원에 보내려고 했다. 당시 내 기준에는 수학 학원만이 해결책이라고 생각했으니 말이다.

나의 아내도 딸아이에게 영어를 많이 강조했다. 딸아이도 어릴 때는 영어 공부를 좋아하고 배우기를 원했다. 그래서 도요새 영어와 각종 학습지를 신청해서 아이가 공부하도록 해주었다. 그런데 아이가 자라다 보니 이제는 영어와 학습지 모두를 좋아하지 않는다. 그런데 이것이 답인 듯 아내는 억지로 영어 공부를 시켰다.

나의 아버지도, 나도, 나의 아내도 모두 자신이 옳다고 생각하는 기준대로 아이를 위해서 각자의 의지를 아이에게 강요했다. 그래야 아이가 더 멋지고 바르게 성장할 것이라 믿었으니 말이다. 그런데 사실 이런 행동들은 모두 부모의 꿈과 바람일 뿐이다. 받아들이는 아이들은 부모의 의지를 강요받고 싶은 것이 아니다. 자신들의 이야기를 들어주고 응원해 주는 부모의 사랑만을 받고 싶어 할 뿐이다.

얼마 전 딸아이와 쌍둥이 아들들이 모여 핸드폰으로 영상을 찍고 있었다. 저녁에 아빠표 햄 볶음밥을 만들어줬는데 아이들이 자기네들이 먹는 모습을 유튜버처럼 영상을 촬영하는 것이었다. 아이들이 돌아가면서 한마디씩 하는데 영상을 촬영하는 와중에 "좋아요. 버튼을 꾹 눌러주세요. 맛이 끝내줍니데이~"라는 사투리까지 쓰는 것을 보고 배꼽을 잡고 깔깔

웃었다. 유튜브에 올릴 것도 아닌데 왜 핸드폰 영상을 찍느냐고 딸아이에게 물었다. 그랬더니 자신의 꿈은 유튜버라고 한다. 꿈이 유튜버라고 하니 조금 이상했다. 칭찬해줘야 하나? 아니면 다른 꿈을 물어봐야 하나? 나는 그냥 아무런 말도 하지 못했다.

요즘 사회가 어렵다 보니 직업이 공무원이면 최고라고 한다. 4년제 대학을 가도 1~2학년 때만 학과 공부하고 3~4학년이 되면 전부 공무원 시험을 준비한다고 한다. 그게 아니라면 대기업에 취직하는 것 그리고 정규직이 되기 위해 열심히 공부하는 것이 요즘 젊은 세대의 일상적인 모습이다. 아마 대다수 부모도 자신의 아이가 이렇게 평범하게 살기를 바랄 것이다. 그런데 그렇게 살면 무조건 행복할까? "전부 너를 위해서 하는 말인데…."라는 이 말을 나도 아이들에게 하면서 공무원 또는 대기업 취직을 지금부터라도 말해야 하는가 하는 고민이 되었다.

나도 어릴 때 선생님이 되고 싶은 꿈이 있었다. 그리고 글을 쓰는 사람이 되고 싶은 꿈이 있었다. 그런데 아버지는 "선생을 해서 뭐 하냐, 너는 아직도 한글도 모르냐?" 하시며 판사나 검사를 하라고 하셨다. 내 입에서 그 말이 나오지 않으면 계속 야단을 치셨다. "세상 무서운 줄 모르고 헛소리만 한다."라며 그렇게 야단을 치셨다. 결국 나는 나의 꿈을 접었다. 아버지의 강요에 의해서가 아니라 내가 스스로 나의 '드림 킬러'가 된 것이다.

모두가 평범한 공무원이나 대기업 회사원의 삶을 살길 원하지만, 남들과 조금은 다른 유튜버나 작가나 강연가 같은 삶을 사는 것도 내가 살아보니까 나쁘지 않은 것 같다. 남들과 조금은 다른 사람이 있어야 사회도 더 발전하고 성장한다. 그래서 나는 아이들에게 하고 싶은 것을 마음껏 해보라고 이야기했다. 유튜버, 블로거, 인스타 모델, 퍼스널 브랜딩을 기반으로 하는 1인 창업 등 한계 따위 두지 말고 하고 싶은 것을 마음껏 상상해보라고 했다. 나처럼 스스로 드림 킬러가 되어 한계를 지정하지 말고 자유롭게 하라고 했다.

아이도 자기 방식대로 살아보고 싶은 것이 있다. 내가 어릴 때 그러했으니 말이다. 아이에게 평범함을 강요하지 말자. 평범함이 꼭 안정적인 것은 아니다. 자칫 일만 하는 '현대판 노예'가 될 수 있으니 말이다.

학교 다닐 때 수학 시험 중 어려운 문제의 정답은 정답은 항상 '0' 아니면 '1'이었다. 그래서 애매하면 '모 아니면 도다.' 하면서 2가지 중에 하나를 점수로 제출했다. 나에게 그 문제는 정답이냐 아니냐의 문제이지 내 실력 따위는 전혀 고민의 대상이 아니었다. 토익 시험도 그랬다. 듣기를 할 때면 질문의 첫 단어나 몇 개의 키워드에만 집중해서 답 찾는 것에만 집중했다. 나의 실력 향상은 고민의 대상이 아니었다. 항상 사회가 요구하는 것은 나의 실력이 아니라 몇 점이냐만 따졌기 때문이다.

이런 몇 점이냐는 문화가 딸 아이 학교에도 심지어 아이의 어린이집에도 있나 보다. 딸아이는 학교에서 시험을 쳐서 100점을 받게 되면 자신이 개선장군처럼 당당하다. 그런데 한 문제라도 틀리면 마치 큰 죄를 지은 사람처럼 의기소침해져서 작은 목소리로 다음에 잘하겠다고 말한다. 내 기억에는 내가 시험 점수로 야단을 친 적이 한 번도 없는데도 말이다. 쌍둥이들은 밥을 먹고 나면 "아빠, 나 밥 먹기 오늘은 몇 점이에요?" 하고 묻는다. 밥을 먹는데 무슨 점수가 필요한가? 잘 먹으면 되는 것인데.

점수가 높다고 무조건 잘하는 것은 아니다. 반대로 점수가 낮다고 무조건 잘못하는 것도 아니다. 중요한 것은 점수가 아니고 진짜 실력인데 우리는 점수만, 타이틀만 따진다.

'사회는 항상 1등만을 기억한다.'라는 말이 있다. 아이의 세계에서는 '항상 100점 받아야만 된다.'라는 말이 있다. 난 궁금해서 아이에게 물어봤다. "왜 100점을 맞으려고 하니?" 아이의 말은 "100점을 받으면 부모님이 잘했다고 많이 칭찬해주고, 머리도 쓰다듬어주고, 뭐 먹고 싶거나 뭐 사줄까?"라고 한다고 한다. 그런데 100점이 아니면 왜 틀렸는지 물어보고, 다시 풀어보라고 하고, 다음에는 틀리지 절대 말라고 한다고 했다. 생각해보면 나도 그랬던 것 같다. 아이에게 1등을 말하지는 않았지만, 나의 행동에서 항상 100점을 강요했던 것 같다.

주식을 해본 사람은 안다. 자신이 보유한 종목의 가격이 오르면 조금만 더, 조금만 더 하는 마음으로 지켜본다. 그러다 더 오를 것 같다는 잘못된 생각에 덜컥 추가로 더 많이 사버린다. 그 순간 주식 가격은 폭락하기 시작하고 나의 소중한 돈은 마이너스가 된다. 결국 사람의 욕심이 문제였다.

아이에게 잘하는 부모가 되길 바라지 잘못하는 부모가 되고 싶은 사람은 없다. 더 잘해주고 싶은 마음에, 더 잘 키우고 싶은 마음에 부모의 욕심이 들어가면 아이는 부모를 밀어낸다. 내 아이라고 절대 내 의지대로 살아주지 않는다. 아이를 위한다며 아이의 꿈 크기에 한계를 만들어서는 안 된다. 그리고 중요한 것은 점수가 아니라 실력이다.

02

지금 아이에게 가장 필요한 것은

'세상에서 가장 소중한 3가지 금'에 대한 이야기가 있다. 남편이 아내에게 알려준 중요한 3가지 금은 화폐가치로서 최고인 '황금', 요리에 없어서는 안 되는 '소금' 그리고 지금 무엇인가를 할 수 있게 해주는 '지금'이었다. 그러자 아내가 눈을 크게 뜨고 노려보면서 남편에게 더 중요한 3가지 금을 알려주었다. 무엇인가를 해야 하는 '지금', 황금을 대신하는 '현금', 그리고 내 통장의 자산을 키우게 '입금'이라고 말이다. 그러자 가슴이 철렁한 남편이 아내에게 '지금, 조금, 입금'이라고 말했다. 그러자 아내는 남편에게 사랑스러운 눈빛을 보내며 '방금, 출금, 저금'이라고 했다고 한다. 남편과 아내의 우스갯소리인데 너무 현실을 정확하게 표현하는 것 같아서 웃기면서 섬뜩하기도 하다.

이 이야기를 듣다 보니 나는 한 가지 궁금증이 생겼다. '혹시 지금 아이들에게 가장 필요한 3가지 금도 있지 않을까?' 나는 혼자서 곰곰이 생각해봤다. 내가 출제한 생뚱맞은 질문에 바로 답이 떠오르지 않았다. 하지만 분명 뭔가 있을 것 같았다. 그래서 책도 보고 내 생각도 끄적끄적 정리하다 보니 아이에게 꼭 필요한 3가지 금이 있었다.

장모님이 일찍 돌아가셔서 아내는 이모님들과 각별했다. 특히 셋째 이모님이 아내를 특별히 챙겨서 아내도 셋째 이모님을 잘 따랐다고 한다. 여러 가지 사정으로 아내와 셋째 이모님은 연락이 끊겼다.

그러다 10여 년 만에 아내와 셋째 이모님은 연락이 닿았다. 그런데 알고 보니 이모님은 대전에서 군장점을 하고 계셨다. 내가 근무하는 부대 바로 옆에서 말이다. 대전에서 약 3년을 지냈는데 그동안 바로 옆에 있으면서도 몰랐다니 이런 경우를 두고 '등잔 밑이 어둡다'는 표현을 사용하는 것이구나 싶었다.

나는 간간이 시간이 나면 이모님이 계시는 군장점을 들렀다. 넉살 좋게 "이모님, 차 한잔 주십시오." 하고 이런저런 이야기를 했다. 이모님은 지금은 연세가 있으셔서 군장점을 하시지만 젊으실 때는 금융계에서 일하셔서 지식이 해박하셨다. 그래서 이야기가 시작되면 주거니 받거니 하면서 시간 가는 줄 모르고 이야기꽃을 피웠다. 그러다 육아에 관한 이야기를 하게 되었다.

내가 군인이고 아이들과 자주 만나지 못하다 보니 난 고민이 많았다. 아이들과의 관계, 올바른 성장을 위해서 내가 무엇을 해줘야 하는가, 밥상머리 교육 등 모르는 것에 대해 인생의 선배님께 조언을 구하고 싶었다. 이모님은 내게 몇 가지 가르침을 주셨다. 아이와 많은 시간을 함께 지내기보다 아이 기억 속에 남도록 놀아주기, 많이 돌아다니면서 견문을 넓혀주기, 아이들 앞에서 절대 큰 소리 내지 않기 등을 말이다. 그러시면서 다른 것은 못하더라도 이것 하나만큼은 꼭 명심하라며 말씀하셨다.

'아이의 마음에 심어지는 부모의 사랑도 골든타임이 있다. 이때를 놓치면 끝이다. 절대 이때를 놓치지 마라.'

갓난아이는 부모의 무한사랑을 받는다. 그런데 아이는 이것이 사랑인지 모른다. 말을 시작하고 자신의 감정을 표현할 줄 알면서부터 아이는 사랑이라는 것을 느끼고 형상화한다. 그러다 자신의 주관이 생기게 되고 어린 시절 부모의 사랑이란 것은 '아! 이런 거였어.' 하고 확정하는 순간 마음이 닫힌다.

내 경험으로는 아이의 가슴에 새겨지는 부모 사랑의 골든타임은 약 5세부터 8~9세인 것 같다. 쌍둥이 아들이 '사랑은 무지개'라고 표현하기 시작했고, 딸이 "아빠가 자신을 사랑하지 않는다고 오해했다."라고 표현한 시기가 9세이니 딱 그 시기가 골든타임이 맞는 것 같다. 부모는 이 기간에 아이의 마음속에 '아빠와 엄마는 나를 세상 누구보다도 가장 많이 사랑해."라고 생각하게 만들어야 한다. 그렇지 않으면 각인된 생각을 절대 바꿀 수 없기 때문이다. 아이는 점점 성장할 것이고 일정 시간이 지난 이후부터는 친구랑 놀지 부모와 놀지 않는다. 그래서 아이에게 중요한 첫 번째 금은 '지금'인 것이다.

아이는 자신이 잘하는 것이 무엇인지 아직은 모른다. 어른들도 자신의 능력을 잘 모르는 사람이 많은데 아이가 자신의 능력을 알기는 어렵다. '내가 무엇을 잘하고 무엇을 잘못하지?' 나도 생각을 해보니 답이 잘 안 떠오른다.

한번은 이런 생각을 해봤다. '우리는 항상 다른 사람이 정해주는 기준대로만 사는 것 같다.'라고 말이다. 내가 아이에게 물어봤다. "예진아, 너는 뭘 잘하는 것 같아?" 그러자 아이는 조건 반사적으로 대답했다 "저는 인사를 잘하고, 미술을 잘해요. 그런데 운동은 잘 못하고요." 아이의 입에서 1초도 걸리지 않아 나오는 대답에 이유가 궁금해서 물어봤다.

"어떻게 그렇게 잘 알아? 아빠는 아빠가 뭘 잘하는지 모르겠는데."

"아빠, 식당이나 문구점에 가면 항상 사장님이 '너 인사 너무 잘하네.' 하잖아요. 그리고 미술은 선생님이 잘한다고 했잖아요. 근데 태권도장에서 친구들이 제가 너무 힘들어서 많이 못 뛰니까 운동은 잘못한다고 알려줬어요."

이야기를 듣다 보니 아이는 다른 사람이 아이에게 말하는 그대로를 자신의 능력이라고 정리하고 있었다. 정확한 기준은 없었다. 그저 다른 사람이 보기에 잘하면 잘하는 것, 못하면 못하는 것으로 생각하고 있었다.

"예진아, 너의 생각은 어때? 다른 사람들이 알려준 것들이 맞는 것 같니?"

아이는 선뜻 대답하지 못했다. 한 번도 그렇게 생각해본 적이 없으니 말이다. 자신이 무엇을 잘하는지를 자신이 정한 기준으로 살펴볼 필요가 있다. 자신의 능력에 대한 궁금증을 가져야 한다는 말이다. 특히 아이들의 경우에는 자신에 대해 고민하는 것을 반드시 가르쳐야 한다.

왜 세상의 기준으로만 나를 보고 살려고 하는가? 태권도, 미술, 스케이트, 골프, 수영, 테니스, 영어 공부, 과학실험 등 아이가 많은 것을 부딪쳐 보고 자신의 능력을 스스로 검증하게 해야 한다. 아이의 인생이니까 스스로 정확하게 선택해서 살 수 있게 말이다. 그래서 아이에게 중요한 두 번째 금은 '궁금'인 것이다.

아이가 그렇게 가고 싶어 하던 키자니아에 갔다. 아이는 가기 이틀 전부터 마음이 설레어서인지 계속 시설이 어떻게 생겼는지 궁금하다는 말을 연발했다. 유튜브와 틱톡에서 키자니아를 검색해서 아이는 사전 온라인 답사까지 마쳤다. 예약은 제대로 했는지?, 장소는 알고 있는지? 혹시 사물함을 쓸 수 있으니 500원짜리 동전은 챙겼는지? 사진을 찍어야 하니 핸드폰 배터리를 충분히 챙겼는지까지 아이는 점검했다. 평소에 보기 힘든 적극성이다.

아이를 데리고 돌아다니기 시작했다. 코로나로 시설이 축소 운영되다 보니 많은 것을 경험할 수는 없었다. 아이는 메뚜기처럼 이곳저곳의 운영시설을 뛰어다니며 하나씩 체험을 했다. 사이다 공장, 라면 공장 체험은 다른 아이들도 무척이나 좋아했는데 딸아이도 이 체험이 너무 좋다고 했다. 아이는 CSI 과학수사대, 소방관, 자동차 레이서, 방송국 체험 등 진행했다. 나는 직업을 미리 체험하는 것이 아이에게 도움이 된다고만 생각했다. 그런데 아이는 직접 해보니 단지 체험한 것 이상으로 자신이 공부해보고 싶은 것이 많다는 말에 조금 놀랐다. '탄산을 물 대신에 빵에 넣으면 어떻게 되는지? 머리카락에도 지문이 있는지? TV 프로그램에 변신 로봇이 소방관을 하던데 실제로 로봇이 소방관을 할 수 있는지? 방송국을 우리 집에도 만들 수 없는지? 딸이 공부하고 싶은 것에 관한 이야기는 키자니아에서 집에 도착할 때까지 계속 이어졌다. 그리고 집에 와서는 아이의 공부에 대한 열정은 더욱더 강화되었다.

불이 난다. 핸드폰으로 119에 전화를 한다. 이때 전파를 사용한다. 소방서에서 출동한다. 그러면 방송국에도 연락이 간다. 그래서 피하라는 문자가 전해진다. 불이 커지면 위험하니까 공장이 멈춘다. 이처럼 뭐든지 다 연결되어 있다.

오늘 하루 아이가 배운 것은 단지 다양한 직업이 존재한다는 것이 아니다. 다양한 직업은 다 연결되어 있다는 것을 아이는 깨우친 것이다. 뭐든지 아이가 깨우치는 것이 중요하다. 아무리 여러 가지 지식을 머리에 넣어도 지혜가 되지는 않는다. 지혜가 되려면 결국 마음을 울리는 깨우침이 있어야 한다. 그래서 아이에게 중요한 세 번째 금은 '심금'인 것이다.

그런데 이 3가지 중에서 가장 중요한 것은 뭘까? 나는 '지금'인 것 같다. 조금 이따가, 나중이 아니라 지금 아이에게 다가가서 사랑한다고 말해주는 것, 그것이 가장 중요한 것 같다. '형식이란 존재의 또 다른 표현이다.' 사랑이라고 말하는 것이 어색하더라도, 그게 형식적이더라도 반복하고 반복하면 정말 부모가 아이를 사랑하는 하나의 표현 방법이 된다. 그러니 하던 것을 멈추고 지금 아이에게 사랑한다고 말해보자.

03

아이를 잘 키우고 싶다면 아이부터 공부하라

많은 육아 프로그램을 보면 '우리 아이는 왜 이런지 모르겠어요!', '우리 아이 좀 변화시켜주세요!'라고 한다. 그리고 행동을 관찰하고 원인을 분석하면 결론은 대부분 '부모가 문제였다.' 그럴 수밖에 없는 것이 아이의 행동은 결국 부모를 보고 닮아가기 때문이다.

"우리 아이는 다른 아이들과는 좀 달라요, 저는 아이를 정말 잘 키우고 있어요!"라고 자신 있게 이야기하는 부모들이 가끔 있다. 그런데 이런 부모에게 자기 아이의 마음 상태를 물어보면 잘 모른다. 아이의 시험 성적과 레벨 테스트 점수는 귀신같이 달달 외우면서 말이다. 시간이 지나면 자연스럽게 남는다. 그때 받았던 시험 점수보다 그때 받았던 추억 더 오래 간직한다는 것을 말이다.

처음에 아이들에게 제일 듣기 싫었던 말이 이 말이었다. "못해, 난 할 수 없어, 아빠가 해줘야지. 내가 이걸 어떻게 해." 이 말을 들으면 상황이 어떻든 간에 화부터 났다. 정말 못해서 못하는 거라면 이해가 가는데 용변을 본다고 화장실 가서 바지 내리는 것조차도 아빠에게 해달라고 징징대고 있으면 그냥 피가 거꾸로 솟았다. 뭐든지 하라고만 하면 '난 못해, 할 수 없어'를 외치는데 너무 싫었다. "네가 한번 해봐, 할 수 있어." 그렇게 기다리다가 답답하면 내가 해치우고 마무리지어버렸다. 그랬더니 나중에는 아이가 더 하려고 하지도 않았고 나도 더 시키려고도 하지 않았다. 둘 다 이건 아빠가 하는 것으로 생각해버리고 지냈으니까 말이다.

그런데 내가 다 해치워버리니 아이가 조금만 뭐라고 해도 울기부터 했다. 자기는 할 수 없는 사람인데 그래서 보호받아야 하는데 놀림을 받으니 아이의 마음이 점점 쪼그라드는 것처럼 보였다. 스스로에 대한 존중이나 사랑은 전혀 없어 보였다. 나는 걱정이 되었다. 자존감이 떨어지면 아이는 외부의 작은 바람에 무너지거나 자기 스스로 그냥 무너진다. 그래서 나는 아이의 자존감을 높여주고 싶었다.

나는 아이에게 할 수 있다 격려해주고, 칭찬해주고, 토닥여주고, 잘못하는 것도 너무너무 잘한다며 아이를 세워주었다. 그렇게 한참을 했더니 아이가 조금씩 스스로 하기 시작했다. 자기가 해보고 정말 안 되면 그제야 나에게 도와달라고 했다. 내가 보기에는 아이가 스스로 하는 이 행동들도 정말 답답할 수 있다. 그런데 아이는 얼마나 더 답답하겠는가? 이런 답답함을 참고 계속 기다려주고 스스로 하라고 시켰다. 이렇게 계속 반복하니 어느 순간부터 아이의 말이 변하기 시작했다. "난 못해, 난 할 수 없어.'라는 말에서 '내가 해볼게. 나부터 하게 해줘."로 말이다. 아이의 행동도 조금씩 변했다. 예전에는 누가 말만 해도 울기부터 하고 떼쓰기만 했는데 이제는 잘 울지 않는다. 그리고 누가 놀리면 들어보고 자신이 수긍할 수 없으면 사과를 요구하기도 했다. "누나가 나보고 바보라고 했는데 난 바보 아니야. 나에게 사과해줘." 하고 말이다.

요즘은 아이가 자신을 존중하고 사랑할 줄 아는 마음이 점점 커져가는 것이 눈에 보인다. 내가 그렇게 생각하는 이유는 아이들이 자기 이름을 제대로 불러달라고 주변 사람들에게 요구하기 때문이다. 세 아이 이름을 내가 지었는데 초성, 중성이 같다. 종성만 다르다. 나도 말을 빨리할 때 실수로 잘못 부르는 경우가 있다. 그러면 아이는 "저는 심예준입니다. 심. 예. 준. 다시 불러주세요."라고 요구한다. 자기 이름을 제대로 요구한다는 것은 그만큼 자기 자신을 사랑한다는 뜻이 아닐까? 이처럼 아이를 잘 키우려면 아이의 자존감이 어느 정도인지 알고 부족하면 반드시 채워줘야 한다. 그래야 아이의 마음의 그릇도 커진다.

오랜만에 후배를 만나게 되었다. 카페에 앉아 후배가 오기를 기다리고 있는데 옆 테이블에 앉은 엄마들끼리 육아와 관련하여 열심히 이야기한다. 아이 엄마는 네 명인데 워낙 목소리가 크다 보니 주변에 다 울려서 내 귀에도 대화 내용이 다 들렸다. 나도 육아를 하고 있는지라 혹시나 하고 관심 없는 듯 다른 곳을 응시하면서 귀는 집중해서 조용히 들었다. 그런데 온통 공부 이야기뿐이었다.

"아이 학원을 추가로 어디를 더 보내야 할지 고민이다. 우리 아이가 국어 시험에서 두 개나 틀렸는데 걱정이다. 영어 기본회화는 할 줄 아는데 영어 공부를 더 시켜야 할지 생각 중이다." 이런 이야기를 계속하고 있었다. 드라마에서는 이런 장면을 본 적이 있다. 그리고 서울 강남이나 교육열이 높은 지역의 커피숍에 가면 이런 모습을 목격할 수 있다는 이야기는 들었다. 그런데 이런 시골 동네에서도 아이들 공부 관련 이야기를 이렇게 한다니 참 대한민국 엄마들의 열정이 대단하다 싶었다.

나는 공부든 성격이든 뭐든지 간에 다른 아이와 내 아이를 비교하는 것은 안 된다고 생각한다. 세상 사람들의 기준으로 보면 완벽한 사람은 단 한 명도 없다. 이렇게 보면 저 사람이 더 잘하는 것 같고 또 저렇게 보면 이 사람이 더 잘하는 것 같고 수시로 바뀐다. 만약 모든 면에서 완벽한 사람이 있다면 그건 사람이 아니라 기계일 것이다. 사람은 각자 자기가 잘하는 것이 있다. 선천적으로 가지고 태어났을 수도 있지만 대부분 열심히 하다 보니 남보다 잘하게 된 것이 많다. 그래서 나는 더욱더 남과 비교하는 것은 아무런 의미가 없다고 생각한다. 만약 비교라는 것을 하고 싶다면 자기가 정한 기준을 바탕으로 스스로가 잘하고 못하고를 비교하는 것이지 다른 사람과 동등한 조건으로 절대 자신을 비교 대상으로 삼아서는 안된다.

나의 쌍둥이 아들만 봐도 그렇다. 생김새는 똑같아도 둘째는 미술 감각이 좋고 집중력이 높다. 막내는 언어 감각이 좋은 편이다. 그런데 시간이 지나면서 서로 바뀐다. 둘째는 언어 감각이 더 좋고 막내는 집중력이 점점 높아진다. 이렇게 수시로 엎치락뒤치락 바뀐다.

그런데 남과 비교하는 것이 무슨 의미가 있을까 싶다. 오히려 아이가 상처만 받을 뿐이다. 내가 집에서 딸아이가 간식 메뉴를 두고 고민하고 있길래 "그냥 아무것이나 먹으면 될 것을 너도 엄마처럼 고민이 많구나." 라고 말했다가 딸에게 호되게 혼난 기억이 있다. 아무 생각 없이 건넨 말인데도 딸아이는 다른 사람과 자신을 비교하는 것이 싫다고 했다. 비교 대상이 아무리 사랑하는 엄마이더라도. 이처럼 남과의 비교는 아이에게 상처만 남긴다.

아이가 뭐든지 스스로 판단하고 선택하는 법을 아는지 살펴봐야 한다. '인생은 결국 선택의 연속이다. 그리고 선택에 따른 책임뿐이다.'라는 말이 있지 않은가? 아이가 무언가를 배우는 것도 아이의 의견을 반영해야 한다. 만약, 아이가 무언가를 배우고 싶다면 배울 기회를 만들어주는 것이 좋을 것이다. 동기부여도 되어 있고 하고자 하는 의지도 있으니 말이다. 그런데 아이들이 원하지도 않는데 억지로 보낸다면 다시 한번 생각해봐야 할 것 같다.

나는 어릴 때 피아노 학원을 잠시 다녔다. 정말 다니기 싫었다. 그래서 학원을 가기 싫다며 버티다 엄청나게 맞았던 기억이 있다. 차라리 몇 대 맞는 것이 훨씬 낫다며 버티다가, 또 맞고 결국 피아노 학원을 갔다. 하도 맞다 보니 나중에는 학원에 간다고 거짓말을 하고 다른 곳에서 놀다가 집에 들어가기도 했다. 이것도 들켜서 또 맞았다. 내가 다니기 싫은데 억지로 하다 보니 시간이 지나도 나의 수준을 좋아지지 않았다. 오히려 반감만 커졌다.

많은 부모가 아이의 재능을 발견하기 위해서라는 명분 아래 다른 아이와 비교하며 경쟁적으로 이것저것을 가르치려 한다. 그리고 부모는 이런 행동을 다양한 환경을 아이에게 경험해보도록 도와주는 것이라 여기며 자신을 칭찬한다. 아무리 좋은 목적을 가졌더라도 아이가 싫어하는데 일방적으로 진행하면 아이는 분명 나처럼 상처부터 받고 시작하게 될 것이다. 싫은 것을 억지로 하는 것은 정말 어렵고 힘들기 때문이다. 그리고 더 무서운 것은 이렇게 정해주는 삶을 계속 경험하다 보면 나중에는 남이 선택해 주는 삶으로만 살아가 것을 배울지도 모른다는 사실이다. 그래서 더욱더 아이가 스스로 선택하는 방법을 가르쳐줘야 한다.

아이를 잘 키우고 싶다면 바라보는 시선의 초점은 부모가 아니다. 무조건 아이가 최우선이어야 한다. 아이의 입장으로, 아이의 기준으로 생각하고 부족한 것을 부모가 채워줘야 한다. 채워줘야 할 것은 부모의 의지나 욕심이 아니다. 아이가 스스로 자립할 수 있도록, 아이가 자신을 사랑하고 존중할 수 있도록, 다른 사람의 목소리가 아닌 자신의 목소리로 세상에 맞설 수 있도록 그 힘을 채워줘야 한다.

부모의 역할은 평생 변하지 않는다. 아이의 인생에 길을 내는 사람은 바로 부모다.

04

아이의 마음을 잘 헤아리면 아이는 저절로 자란다

내가 전방 부대에서 과장으로 재직할 때 있었던 일이다. 나는 일이 잘 진행되지 않으면 두 사람을 찾아갔다. 사람과 관련된 부분일 때는 부연대장님, 그 이외 분야는 주임원사님을 찾아가 조언을 구하거나 도움을 청했다. 그러면 항상 문제가 쉽게 해결되었다. 두 분 모두 지금은 전역하시고 열심히 인생의 2막을 펼치고 계신다. 이제는 군에 계시지 않아 가끔 일을 진행하다 막히면 만약 두 분이라면 이 상황을 어떻게 해결할까? 하고 돌려서 생각해보면 답을 찾는 경우가 많다. 특히 요즘에는 사람과 관련된 부분이 점점 많아지는데 이런 경우는 부연대장님이 나에게 마지막으로 해주셨던 조언을 파노라마처럼 떠올린다.

"과장아, 내가 군 생활 30년 하면서 많은 사람 만나 보니 정말 별거 없더라. 문제 있는 사람은 아무도 없어. 항상 내가 옳고 남은 왜 그럴까라고 생각하는 것에서 제일 먼저 문제가 발생하는거야. 차 한 잔씩 앞에 두고 서로 앉아서 '네가 하고 싶은 이야기 말해보라.' 하고 나는 들어주고, 말이 끝나면 '너처럼 그렇게 생각할 수도 있겠구나.' 하고 긍정해주면 다 큰 성인들도 마음의 문이 다 열려. 결국 사람이 하는 일이잖아. 뭐든지 일을 하려고 덤비지 말고 사람이 불편한 것부터 보려고 해봐. 늙은이 잔소리다 여기지 말고…. 내 30년 군 생활 노하우야."

그 작은 부연대장실에서 차 한잔을 두고 전해 받은 그 말씀이 진짜 지혜였다.

나는 지휘관을 하면 꼭 시행하는 2가지 습관이 있었다. 하나는 용사들이 시행하는 아침 점호를 참석하는 것이고 다른 하나는 나의 방에 난을 키우는 것이었다.

아침 점호를 참석하는 것은 사실 용사들의 표정을 살피기 위한 것이다. 아침 점호에 가보면 용사들이 방금 일어나서 다들 피곤해하고 부스스하다. 그런데 용사들의 얼굴을 자주 보면 정말 피곤한 것인지, 몸이 좋지 않은 것인지, 고민이 있는 것인지, 다 보인다. 물론 처음 몇 번 한 것으로는 보이지 않는다. 조금 꾸준히 살피게 되면 어느 순간 자연스럽게 얼굴만 봐도 용사들의 상태를 알 수 있다. '김민수 상병의 표정이 오늘 좋지 않구나.' 그러면 나는 일부러 그 용사 옆에 가서 장난을 치면서 말을 걸어본다.

"아~ 민수. 입에 침 자국이 장난이 아닌데. 눈곱도 장난 아니게 큰데. 어제 잘 잤니?"

나의 질문에 잘 대답하고 내가 장난을 걸면 웃기도 하고 그러면 큰 고민이 아니다. 그냥 좀 신경 쓰이는 정도다. 그런데 나의 질문에 대답도 시큰둥하고 자꾸 눈을 피하면 이것은 고민이 조금 심각하다는 뜻이다.

나는 간부들이 출근하게 되면 오늘 표정이 좋지 않았던 용사에 대해서 살피도록 지시한다. 간부를 통해서 직접 확인토록 하는 방법, 나의 충실한 정보요원들을 통해서도 확인하는 방법, 그리고 고민이 있는 용사와 제일 친한 친구를 불러서 특이사항을 물어보는 방법 3가지를 동시에 시행해보면 공통으로 나타난 것이 그 친구의 지금 고민 사항이다. 이후에 부모님이나 주변인을 통해서 추가로 정보를 수집한다.

이런 과정이 끝나면 비로소 나는 그 용사를 불러서 그동안 힘들었던 것을 위로하고 용사가 하고 싶은 말을 다 들어준다. 그리고 내가 할 수 있는 것은 도와주고 제한되는 것은 설명해준다. 그러면 용사들은 이해하고 수긍하고 안정적인 군생활을 마치고 전역하게 되었다.

이런 과정은 힘들 수 있다. 그런데 '소 잃고 외양간 고치는 노력'에 비하면 이런 과정은 아무것도 아니다. 용사의 마음을 조금만 먼저 들어주면 그들은 남은 군 생활을 성실하게 잘하기 때문이다.

난을 키우는 것은 내가 나를 못 믿기 때문이었다. 가끔 용사들이 나를 대신해서 난에 물을 주려 했다. 나는 절대로 그러지 못하도록 했다. 오직 나만 난에 물도 주고 비타민도 주면서 관리하도록 했다.

난은 잘 죽지 않는 식물이다. 물을 엄청 오랫동안 주지 않으면 그때야 죽는다. 나는 일을 할 때 하나에 집중하면 깊이 빠지는 성향이 있다. 만약 난이 시든다면 이것은 내가 난에 일주일에 한 번 정도 물 주는 것도 제대로 하지 못한다는 뜻이다. 이것은 내가 지금 뭔가에 빠져 있는 상태고 그렇다면 내가 지금 주변 사람들에게 관심을 소홀히 하고 있다는 뜻이다. 그래서 식물이 시들어가면 나는 정신을 차리고 누가 시키지 않더라도 자체적으로 부대를 진단했다. 마음의 편지도 받고, 애로 및 건의 사항도 받고, 주변의 사람들에게 혹시 내가 놓치고 있는 것은 없는지 조언도 구하고 말이다. 그러면 정말 내가 신경 쓰지 못한 곳이 반드시 있었다. 여자친구와의 관계, 부모님의 건강 걱정, 개인적인 고충, 생활하는데 불편한 사항 등 다양한 것이 있었다. 그러면 나는 얼른 정신 차리고 이런 것들을 하나씩 정리했다. 그래서 부하를 다치지 않게 하고 맡은 소임을 다할 수 있었다.

나는 집에서 이런 군 생활 경험을 적용해보기로 했다. 그래서 아침에 일어나면 아이의 표정부터 살핀다. 간밤에 잘 잤는지 건강 상태를 살핀다. 어제 오후부터 밤새 나와 같이 있었으니 집에서는 특별한 것이 없다. 아침에 학교나 어린이집을 가야 한다. 나갈 시간이 가까워질수록 나는 아이의 표정을 유심히 살핀다. 아이의 표정을 보면 학교나 어린이집에서의 생활을 조금은 알 수 있기 때문이다.

아이가 학교에 가기 싫어하면 뭔가 이유가 있다. 어린이집도 마찬가지다. 아이는 얇은 유리와 같은 감성을 가졌기 때문에 뭔가 불안하고 상처받으면 움찔한다. 그래서 가기 싫어한다면 뭔가 불안함이 있는 것이다. 숙제하지 않아서 선생님께 야단을 맞을 것 같던지, 친구와의 관계가 불편하던지 말이다. 부모는 그것을 확인해줘야 한다. 점점 나가야 하는 시간인데 저항이 거세다면 아이의 고민이 심각한 것이다. 그러면 눈을 맞추고 그 이유를 꼭 물어보라. 그러면 둘러대더라도 이야기할 것이다. 부모는 그것을 들어주고 해결해줘야 한다.

나는 아이들이 집으로 돌아오면 다시 아이의 표정을 살핀다. 특히 쌍둥이 같은 경우에는 어린이집에서 아이를 데리고 나올 때 배웅해주는 야간 당직 선생님과 아이의 모습을 보면 하루의 활동과 선생님과 아이들과의 관계도 금방 알 수 있다. 아이가 좋아서 날뛰는 선생님이 있고 얼른 어린이집에서 벗어나길 원하는 선생님도 있으니 말이다. 결국 아이의 표정을 유심히 살피는 것만으로도 아이의 마음 상태를 금방 알 수가 있다.

이렇게 시작된 관찰 덕분에 지금은 아이들이 무탈하게 지내고 있다. 하루는 어린이집 선생님이 나에게 물었다. "잘하는 엄마들도 읽지 못하는 아이의 마음을 어떻게 살피냐?"라고 말이다. 딸아이의 초등학교 선생님도 아빠가 "아이의 마음을 잘 읽는 것 같다."라고 말했다. 선생님이 나에게 비법이 뭐냐고 물었다. 난 아무것도 모른다며 아내가 다 가르쳐줬다고만 했다. 그리고 속으로 말했다.

'각각의 상황 속에서 순간적으로 드러나는 아이들의 표정을 보면 다 알지, 그 표정은 절대 숨길 수 없으니까. 얼굴은 마음의 창이란 말이 그냥 나온 말이 아니니까.'

집에서 난도 키우고 있다. 그리고 몬스테라, 유카 등 다른 7가지 종류의 식물도 함께 키우고 있다. 올해 초에 아이들이 나뭇잎을 다 뜯어버렸다. 평소에 아이들이 이런 행동을 하지 않는데 아마 아이들도 그때는 마음이 아팠던 것 같다. 가뜩이나 여러 가지 일로 마음도 휑~한데 식물도 휑~하니 마음이 불편했다. 신경을 쓴다고 했는데 잎이 없으니 점점 말라갔다. 나는 비타민도 주고 민간요법으로 쌀뜨물도 주고 그렇게 열심히 돌봤다. 그렇게 몇 달을 식물들이 힘들게 컸다. 그러더니 이제는 너무 커서 분갈이를 해야 할 단계까지 왔다. 그리고 난이 꽃을 피웠다. 꽃망울이 네 개가 맺혔는데 모두 활짝 피었다. 내 손으로 난을 꽃피운 것이 처음이다. 나는 불편하지 않게 물만 주었을 뿐인데 식물들이 저절로 자랐다.

05

육아는 아이와 함께해야 가치가 더해진다

많은 사람이 육아는 아내들이 전담하는 것이라고 여긴다. 아무래도 주로 집에서 아이들과 접촉할 시간이 많다 보니 그렇게 생각하는 것 같다. 나도 처음에는 육아는 아내의 일이라 생각했다. 그리고 조금 도와주면 엄청 생색을 냈다. 너의 일인데 내가 도와줬다는 식으로 말이다. 아마 나 같은 생각을 가졌던 남편분들 주변에 많을 것 같다.

그런데 유럽의 많은 나라를 보면 육아는 남편과 아내가 함께하는 것이라고 인식한다. 결코 부모 중 한 사람이 전담해서 하는 그런 개념이 아니다. 이것은 사회제도 상으로도 일과 육아를 양립할 수밖에 없도록 법으로 명시되어 있으니 가능한 것인지도 모르겠다.

내가 육아를 해보니 육아는 결코 아내가 하는 것이 아니다. 아내와 남편 둘이서 하는 것도 아니다. 육아는 아내와 남편과 그리고 아이들이 함께하는 것, 그게 진정한 육아인 것 같다고 생각한다. 그래서 우리나라도 유럽을 닮아서 얼른 아빠들의 육아가 활성화되면 좋겠다는 생각이 든다. 그러면 육아를 하면서 내가 말하는 가족 모두 함께하는 것이 진정한 육아임을 알 수 있을 테니 말이다.

미국의 전 대통령 버락 오바마가 육아와 관련하여 남긴 몇 가지 에피소드가 있다. 그중 하나가 행복한 순간에 대한 인터뷰이다. 어느 날 한 기자가 "당신이 살면서 가장 행복한 순간이 언제냐?"라고 물었다고 한다. 그러자 오바마 대통령은 '내가 가장 행복한 순간은 미국의 대통령으로 당선이 되는 순간이 아니라 두 딸과 함께 공원을 걸어 다니고 아이가 그네를 탈 때 뒤에서 밀어준 그 순간'이라고 말했다고 한다.

또 다른 에피소드로 오바마 대통령은 24시간이 모자랄 만큼 일이 많았다고 한다. 눈을 뜨면 일을 시작해서 점심은 간단한 샌드위치로 먹어야 하고 새벽까지 일해야 할 만큼 업무가 많았다고 한다. 그런데 이렇게 바쁜 가운데에서도 오바마 대통령이 반드시 지키는 것이 있는데 그것은 바로 모든 가족이 모여 저녁 식사를 함께하는 것이었다.

하루에 딱 2시간, 저녁 식사 시간만큼은 업무와 관련된 이야기는 일절 하지 않고 오직 가족에게만 시간을 할애했다고 한다. 아이들의 학교생활을 묻고 자신의 학창 시절을 이야기하고, 아이들의 고민을 상담해주고, 학교 숙제를 도와주면서 말이다.

나도 집에서 아이들과 매일 저녁을 먹어보니 밥상머리에서 이루어지는 교육이 참 중요하다고 느꼈다. 처음에 나는 아이들에게 식사만 차려주었다. 그리고 아이들끼리 먹으라고 했다. 그랬더니 장난치고 논다고 아이들이 밥을 먹지 않았다. 그래서 나는 아이들의 밥을 빨리 먹이고 정리할 생각으로 함께 앉아서 밥을 먹었다.

저녁 식사를 해보니 아이의 일상도 더 많이 알게 되고, 아이들이 궁금한 것을 이야기하면서 하루에 하나씩은 뭔가를 배우는 것 같았다. 최신 장난감, 말랭이, 팝잇, 흔한 남매, 유령, 유튜버, 엄마의 중요성, 생일파티, 자신들의 꿈, 그리고 잘못에 대한 사과 방법, 아이들만의 언어에 대해서도 말이다. 이런 것이 '저녁이 있는 삶의 가치구나.' 나는 이제야 비로소 알게 되었다.

이제는 아이들에게도 집안일을 조금씩 시킨다. 기껏해야 바닥 청소,

장난감 정리, 방 정리 정돈 수준이다. 이렇게 집안일을 시키면 쌍둥이들은 얼마 하지도 않고 항상 "힘들어."라는 말을 한다. 그래도 나는 억지로 시킨다. 그러면 딸이 동생들에게 이렇게 말한다. "동생들아, 어쩔 수 없이 해야 할 일이면 지금 빨리하는 게 나아. 파이팅." 하고 말이다. 이제는 딸이 내가 하고 싶은 말을 알아서 다 한다.

집안일이 끝나면 나는 아이들에게 소감을 물어본다. 그러면 아이들은 "힘들었지만 깨끗해져서 기분이 좋아진 것 같아요."라고 말한다. 나는 머리를 쓰다듬으며 잘했다고 칭찬하고 앞으로도 이렇게 하라고 한다. 집안일은 아빠나 엄마만 하는 것이 아니고 가족이 다 함께 하는 것이라고 하면서 말이다. 내가 말해도 지금은 알아듣지 않겠지만 말이다.

그러면서 나는 잔소리를 하나 더한다. "그동안 너희가 어지럽힌 것들 때문에 엄마나 아빠가 얼마나 힘들었겠니?" 하고 말이다. 그러면 앞으로 놀고 나면 뒷정리할 때 더 잘해서 아빠를 도와주겠다고 아이들이 말한다.

이렇게 주거니 받거니 하면서 대화를 하다 보면 나는 '아이들이 컸구나. 그리고 육아가 재미있구나.' 하는 생각하게 된다. 그리고 나도 '아이들에게 위로받으며 많이 성장했구나.' 하고 느끼게 된다.

집에서 규칙 지키는 것도 해보면 정말 신기하다. 나는 달라진 것이 전혀 없다. 똑같이 "화장실 불을 끄자. TV 보는 시간을 줄이자, 싸우지 말자."라고 말한다. 그런데 예전에는 짜증만 부리고 떼만 쓰던 아이들이 이제는 "규칙을 깜박했는데 알려주셔서 감사합니다."라고 말한다. 그리고는 규칙을 지키려고 스스로 행동을 바로 잡는 모습을 보면 그냥 웃음만 날 뿐이다. 예전과는 너무 달라서 말이다.

그런데 규칙이란 것이 아이들에게만 적용되는 것이 아니다. 나에게도 똑같이 적용된다. 나도 화장실 불을 끄기를 깜박하거나, 밥 먹기가 싫어 굶거나, 물건을 제자리에 두지 않으면 아이들에게 지적을 받는다. '아빠는 왜 규칙을 지키지 않느냐'며 항의를 받는다. 그런 지적을 받으면 조금은 무안하다. 나는 얼른 잘못했다고 시인하고 행동을 바로 한다. 그리고 주변을 둘러보면 세 아이의 눈이 항상 나를 지켜보고 있어 뜨끔해진다.

규칙뿐 아니라 약속도 마찬가지다. 아이들이 문구점에 가자고 하거나 피자를 사달라고 하면 나는 순간의 위기를 넘길 생각으로 "나중에 갈게, 나중에 사줄게." 하고 약속을 남발했다. 그리고 나는 완전히 잊어버렸다. 그런데 아이들은 전부 다 기억하고 있었다. 약속이 이행될 때까지 절대 까먹지 않고 기억했다. 내가 약속 이행을 흐지부지하면 아이들은 마치 빚을 받으러 오는 사채업자처럼 언제, 어떤 방식으로 약속을 이행할 것인지를 나에게 집요하게 요구한다. 만약 내가 약속을 지키지 않는다면 분명 아이들도 앞으로 약속을 지키지 않게 될 것이다. 그래서 나는 울며 겨자 먹는 심정으로 아이들과 사소한 약속도 반드시 지킨다.

하루는 아이들을 데리고 약속 이행을 위해 문구점에 가면서 생각해봤다. '내가 아이들이 어리다고 너무 쉽게 생각하고 가볍게 말을 하는구나. 아이의 말을 귀담아듣지 않고, 생각하지도 않고 그냥 나중에, 나중에만 붙여서 쉽게 말하는구나.' 하고 말이다. 이런 과정을 겪으며 나도 잘못된 행동을 하나씩 고치고 '아빠 말의 무게감'에 대해 새삼스레 깨닫게 되었다.

이런 소소하고 자잘한 일상이 가랑비에 옷이 젖듯이 모이면 비로소 어렴풋이 보이는 것이 있다. 그게 바로 나와 아이들의 솔직한 속마음이다.

"아빠, 나 지금 기분이 나빠. 아빠가 동생만 먼저 챙겨준 것 같아 섭섭해."

"아빠, 근데 왜 나에게 사랑한다는 말 안 해요. 흥칫뿡."

"가족은 사랑하는 거라면서 나쁜 말을 왜 해요?"

"아빠도 힘들면 나한테 살짝 기대요. 내가 안아줄게요."

이렇게 자신의 속마음을 그대로 드러내다 보니 이제는 그냥 아빠와 아이들의 관계가 아니다. 서로가 동등한 하나의 인격체가 된다. '라곰'이라는 단어처럼 넘치지도 모자라지도 않은 적당한 정도로, 서로 하나의 인격체로 그렇게 다가가는 것을 배운다.

그래서 육아는 혼자 하는 것이 아니다. 나와 아내, 그리고 아이들이 다 함께 서로를 이끌어주고 뒤에서 밀어주며 함께 성장하는 것이다.

가을에 설악산 대청봉을 올라간 적이 있다. 정상에 올라서 아래를 내려다보고 있는데 뿌듯했다. 가만히 올라왔던 과정을 한번 생각해봤다. 힘들고 어려워서 몇 번씩 내려갈까 하는 충동도 있었다. 하지만 내려가고 싶은 충동이 있을 때마다 이겨낼 수 있었던 것은 형형색색의 단풍들이 내 눈에 계속 보였기 때문이었다. 너무 예뻐서 조금 더 올라가면 또 어떤 모습을 보여줄까? 그런 기대감으로 오르고 올랐기 때문이다. 그런 의미에서 어쩌면 산도 나를 밀어 올려준 것이다. 나를 산에 있도록 받아주고 허락해주었으니 말이다.

육아는 단풍 구경하는 것과 비슷한 것 같다. 아이와 계속 부딪히고 싸우고 하다 보면 너무 힘들고 어렵다. 하지만 서로 격려하고 위로하고 보듬으며 올라가면 정상에 서면 비로소 아이가 아이가 아니라 하나의 동등한 인격체처럼 보이기 때문이다. 그래서 육아는 혼자 하는 것이 아니라 가족이 다 함께 하는 것이다.

정상에서 맞이하는 바람은 도시에서 마주하는 바람과는 시원함이 완전히 다르다. 정상에서 불었던 바람은 나의 기억 속에 영원히 남아 있다. 달콤한 솜사탕처럼 말이다.

06

아빠의 사랑이 아이의 미래를 바꾼다

SBS 드라마 〈낭만닥터 김사부 2〉라는 프로그램이 있었다. 당시 시청률이 약 27%로 인기가 많았던 드라마였다. 드라마의 인기 요인은 2가지였다.

첫 번째 이유는 내 편 아니면 네 편으로 나누어 항상 대립과 갈등을 치닫는 지금의 사회 모습을 풍자했다는 것이다. 두 번째 이유는 주인공 '김사부'라는 인물이 후배 의사들을 조건 없는 사랑으로 조금씩 성장시키는 내용이다. 사람을 성장시키는 이 과정이 참 따뜻했고, 진정성 있어서 시청자들의 마음을 움직였다. 드라마 마지막 회에 나왔던 대사는 아직도 인터넷만 검색해도 쉽게 알 수 있는데 그만큼 강력한 문구였다.

'사람은 믿어주는 만큼 자라고, 아껴주는 만큼 여물고, 인정받는 만큼 성장한다.'

난 이 문구를 보고 나서부터 아이들에게 김사부 같은 사람이 되어야겠다고 다짐하고 실천하고 있다. 앞으로도 더 열심히 실천할 것이고.

나에게도 김사부 같은 스승님이 몇 분 계신다. 참 소중한 분들이다. 그중 한 분이 내가 모셨던 연대장님 이승오 장군이다. 난 존경한다는 말을 잘 사용하지 않는다. 나는 연설이나 모임 같은 곳에서 형식적으로 존경하는 누구누구라는 발언조차 함부로 하지 않는다. 내 핸드폰에 '존경하는'이란 수식어가 붙은 사람은 두 명뿐인데, 그중 한 분이 바로 연대장님이다.

연대장님은 모든 면에서 완벽한 분이셨다. 업무는 항상 깔끔했고, 운동을 좋아하면서 잘하셨다. 가정적으로도 사모님과 아이들에게 '사랑한다'는 표현을 수시로 하시며 좋은 남편, 좋은 아빠가 되려고 꾸준히 노력하는 모습이 부하들 눈에도 보였다. 부하에게는 또 어떤가? 정말 지극정성으로 사랑을 나눠주셨다. 배려하고 또 배려하면서 항상 잔정을 주려고 하셨다. 정말 내 생애 이런 분을 다시 만나기 쉽지 않을 것이다.

연대장님이 하루는 내게 특수장비에 대한 성능 실험 프로젝트를 맡기셨다. 잘 모르는 부분이지만 업무 성격상 내가 하는 일과 유사해 내가 맡게 되었다. 낮에는 본연의 업무를 하고 프로젝트는 주로 야간에 진행하였다. 장비 성능 실험도 끝나고 분석도 거의 마무리되었다. 그래서 나는 결과 보고서를 작성했다. 그런데 정리를 끝냈다고 여겼는데 실험값 하나가 애매한 것이 있었다. 보고서 전체에 영향을 주는 수준은 아니지만 그래도 애매한 것이 찜찜했다. 나는 실험을 한 번 더 실험할 것이냐, 아니면 무시하고 그냥 특이사항 없는 것으로 정리할 것이냐를 엄청 많이 고민했다. 결국 나의 선택은 보고서에 영향을 주는 수준이 아니니 무시하는 쪽으로 결정했다. 그리고 다음 날 연대장님께 실험 결과를 보고했다.

결과 보고서를 받은 연대장님은 내용을 보시지 않고 누가 작성했는지 물으셨다. 나는 어떤 의도로 물어보는지는 몰랐지만 내가 작성을 했으니 "네, 제가 작성하였습니다."라고 말했다. 그러자 연대장님은 내 얼굴을 한 번 쳐다보시더니 이렇게 말씀하셨다.

"네가 작성했다면 난 무조건 믿을 수밖에 없는데. 실험 결과에 대한 모든 책임은 내가 질 테니 걱정하지 말고 자신 있게 추진해봐."

그리고는 결제부터 하시고 다시 내용을 읽어보셨다. 결제받고 사무실로 돌아왔는데 2가지 감정이 교차했다. 하나는 '내가 뭐라고 연대장님이 나를 이렇게까지 믿어주실까?' 그래서 감사한 마음이 들었다. 또 다른 하나는 애매한 것을 한 번 더 실험하고 보고할 것을 믿어주시는 분께 거짓을 고한 것 같아 미안한 마음이 들었다.

그 후 나는 연대장님께 사소한 것 하나라도 사실대로 말했고, 함께 근무하는 동안 미친 듯이 일하며 정말 많은 것을 배웠다. 하루는 아내가 이런 나의 모습을 보며 "당신 일하는 거 정말 행복해 보인다. 뭐가 그렇게 좋아?"라고 물었다. 그래서 나는 아내에게 웃으며 이렇게 말했다.

"연대장님이 나를 믿어주고, 아껴주고, 나의 부족한 부분을 채워주시잖아. 그러니 열심히 해야지. 이런 분 또 만나기 쉽지 않잖아."

아내는 집 걱정하지 말고 몸 상하지 않게 하면서 더 많이 즐기고 재미있게 하라고 했다. 내가 과분하게도 이런 연대장님의 사랑을 받아보니 나도 이런 사랑을 후배나 부하들에게 반드시 나눠줘야겠다는 생각이 들었다. 그리고 나의 소중한 아이들에게도 연대장님이 가족들에게 행하던 가족 사랑의 모습처럼 부모의 사랑을 제대로 실천해야겠다고 생각했다. 아마 '선한 영향력'이란 이런 연대장님의 모습을 보고 말하는 것 같다. 그래서 사람은 좋은 사람과 함께 있어야 한다.

나는 육아와 관련된 석박사 연구논문을 살펴본 적이 있다. 아빠와 자녀 간의 사랑과 믿음의 정도가 아이의 성격, 사회성, 신체 발달 등에 매우 큰 영향을 끼친다는 결과 보고가 정말로 많았다. 논문들의 내용을 보면 대부분 유사했다. '아이 때부터 아빠와 자녀 간에 애착 형성, 정서적 교감, 의사소통 등이 잘 이루어지면 아이는 편안함과 안정감을 가지게 된다.', '외부에서 아이에게 나쁜 자극이 오더라도 아이들은 좌절을 견디고 극복하는 힘이 강해진다.', '새로운 것에 대한 도전을 두려워하지 않고 쉽게 포기하지 않아 결국에는 자기 분야에서 성공할 확률이 높아진다.' 등이었다.

결국 아빠가 아이를 믿어주고 사랑해주면 아이는 더 크게 성장한다는 것이었다. 순간 '나는 어떻게 하지?' 하는 고민이 들었다. 이런 고민의 순간에 예전에 TV 교양 프로그램에서 아빠의 육아에 대한 것을 본 기억이 떠올랐다. 그래서 인터넷으로 그 프로그램을 검색해봤다. 그 프로그램은 SBS 〈영재발굴단〉으로 미국에서 국제 변호사가 된 가수 이소은 씨와 그의 아버지 이규천 씨의 특별한 가족 사랑에 관한 것이었다.

이소은 씨의 아버지 이규천 씨는 인터뷰에서 자신은 아이에게 해준 것이 아무것도 없고 오히려 방목했다고 했다. 그냥 지난 일은 잊고 현재에 충실했으면 좋겠다 싶어 'Forget about it(지난 것은 잊어버리렴).' 이 단어만 자주 쓴 것 같다고 했다. 그런데 이소은 씨와 그녀의 언니 이소연

씨는 아버지가 아빠의 마음을 편지에 담아 자신들에게 자주 보내주셨다고 했다. 그리고 그 편지 속에는 항상 이런 말들이 담겨 있었다고 했다.

'아빠는 너의 전부를 사랑하지. 네가 잘할 때만 사랑하는 게 아니야!'

'네가 있어 아빠는 말로 표현할 수 없이 행복하다.'

'네가 있어 아빠는 아무리 어렵고 힘들어도 항상 자신감 넘치게 살아가고 있다. 사랑한다.'

이런 아빠의 아낌없는 사랑을 받은 두 딸은 논문에 나온 결과처럼 아무리 주변에서 자신들에게 뭐라고 하더라도 항상 마음이 편안했다고 한다. 실패했을 때도 즐거웠다고 한다.

'아빠가 나를 사랑하고 소중하게 생각해주는데, 주변에서 생기는 이런 일은 아무것도 아니다. 내가 너무 힘들면 그때는 항상 내 편인 아빠가 나를 또 지켜주고 일으켜 세워줄 거야.'

그렇게 다짐하고 다짐하면서 상처 될 것은 다 잊고 두 자매는 자신의 길을 걸었다고 했다. 이 모습을 보면서 나는 다시 한번 아빠의 사랑이 중요하고 내가 정말 아이들에게 잘해야 되겠다는 생각이 들었다.

"사람은 믿어주는 만큼 자라고, 아껴주는 만큼 여물고, 인정받는 만큼 성장한다."

그래서 나는 오늘 아이들에게 편지를 한 통을 썼다. 그동안 내가 하지 못한 사랑을 고이고이 담아서 말이다. 아이의 인생 성공을 바라고 쓰는 것은 아니다. 다만 내가 아이의 드림 킬러가 되지 않기 위해, 그리고 아이들이 스스로 생각대로 살기를 바라며 편지를 보낸다.

07

군인의 아이로 산다는 것

후배에게서 오랜만에 전화가 왔다. 후배의 아들이 어디서 들었는지 이제 이사를 그만 다녔으면 좋겠다며 '우리 집도 정착을 하자'고 했다는 것이다. 후배는 아이의 말을 들으니 서글프기도 하고 미안하기도 했다며 어떻게 하는 것이 좋을지 내게 물었다. 나는 고민하다가 후배는 부부 군인이니 일단 어디로 발령 날지 정해지면 그때 다시 고민하는 게 좋을 것 같다고 말하고 일단 아이의 마음에 상처가 남지 않게 다독여주라고 조언해줬다.

나의 예전 기억이 떠올랐다. 내가 부대를 옮기게 되어 아내에게 알려주었다. 아내는 "주변에 이제 마음이 맞는 사람이 좀 생기길래, '또 떠날 때가 되었구나.' 하고 생각했는데 역시 그렇구나." 하며 긴 한숨을 쉬었다. 나의 전출 소식을 들은 딸아이가 내게 말했다. "아빠를 너무 사랑하지만 저는 이제 친구들과 헤어질 수 없어요. 아빠만 혼자 가면 안 돼요?" 나는 아무 말도 하지 못했다. 그냥 잠시 멈춰 있었다.

매번 옮겨 다니는 이 생활이 솔직히 그렇게 좋지는 않다. 나야 좋아서 가는 군인의 길이지만 매번 새롭게 적응해야 하는 가족과 아이들에게는 쉽지 않은, 부담되는 일이었다. 나는 아이들에게 '남들은 한 군데에서만 살아야 하는데 우리는 다양한 곳에서 살아보니 좋지 않냐'며 다독인다. 하지만 아이는 전혀 아니라는 눈빛을 보내며 고개를 절레절레한다. 생각해보니 벌써 딸아이는 다섯 번 이사에 교육 기관을 여섯 번, 쌍둥이는 세 번 이사에 어린이집을 네 번이나 변경했다. 그런데도 항상 잘 적응하고 멋지게 성장하니 그저 미안하고 고마울 따름이다.

잦은 이동이 아이에게 상처가 될 수 있다. 그리고 아이와 아빠가 떨어져 지내다 보니 아빠의 사랑을 제대로 느끼지 못하는 경우도 주변에 제법 많았다. 심하면 내가 아는 선배님의 딸처럼 아빠를 원망할 수도 있고 말이다. 그래서 나는 정착을 하기로 했다. 그런데 몸의 정착보다는 우선 마음의 정착을 하기로 했다.

왜 이런 말이 있지 않은가? '눈에서 멀어지면 마음에서 멀어진다.' 그런데 사실은 그렇지 않다. '마음에서 멀어지니까 눈에서도 자연스럽게 멀어지는 것이다.' 외국에 나가 살더라도 10년에 한 번 만나더라도 마음이 있으면 어떻게든 연락하고 지내게 되어 있다. 눈에 보이지 않아서 연락 못 했다는 것은 그저 핑계일 뿐이다. 그래서 나는 몸이 아니라 아이의 마음에 정착을 먼저 해야겠다고 생각했다. 언젠가는 나만 떨어져 살아야 하니까 아이에게 아빠가 항상 곁에 있다는 것을 새겨주고 싶었다.

2년 전 딸아이와 울릉도 여행을 다녀왔다. 2박 3일 동안 아이와 여행을 하면서 아름다운 바다를 실컷 보고 왔다. 배를 3시간이나 타고 가는데 처음에는 둘 다 어지러웠다. 딸아이에게 그냥 아빠한테 기대서 자라고 했더니 내 품에 안겨서 3시간을 그렇게 잤다. 아이를 3시간이나 안고 있는 것도 갓난아이 때 말고는 처음인 것 같아 왠지 기분이 뭉클했다.

딸과 영원히 기억되는 여행을 만들고 싶어서 다음 날 독도 가는 배편도 예약했었다. 하지만 다시 배를 왕복 약 3시간을 타야 하는 것이 엄두가 나지 않아 독도 방문은 다음을 기약했다. 2025년에 울릉도에 공항이 생긴다고 하니 그때쯤 다시 재도전하지 않을까 싶다.

독도를 포기하고 딸과 울릉도 여행을 즐겼다. 울릉도 주변의 많은 섬 가운데 관음도라는 섬이 있다. 주변의 기암절벽과 연결된 구름다리를 건너면 나무로 정비된 길이 나온다. 그 길을 따라 쭉 올라가면 제주도의 올

레길처럼 드넓은 억새밭이 나온다. 딸아이도 그곳이 마음에 들었는지 신이 나서 "아빠, 나 잡아봐라." 하며 연신 달리고 또 달렸다. 나중에 아이를 목에 태워 길을 따라 걸어가는데 바다와 울릉도와 외딴섬 죽도가 보여주는 풍경이 정말 '인생 컷'이라고 할 만큼 아름다웠다. 둘이서 그렇게 한참을 넋을 잃고 주변을 바라봤다.

"예진아, 너무 예쁘지? 바람도 산들산들 부니까 정말 좋지 않아?"

"응, 너무 좋아요. 바람이 너무 시원하고 달콤하게 부는 것 같아 너무 좋아요. 바람이 부는 게 아빠가 나를 꼭 안아주는 것 같아."

아이의 표현을 듣고 나는 너무 기분이 좋았다. 우리는 좋은 경치를 보며 속에 있는 말을 하나씩 하기 시작했다.

"예진아, 여행 오니까 너무 좋지 않아? 예쁜 바다도 있고, 산도 있고 말이야."

"네, 너무 좋아, 그런데 나는 아빠랑 이렇게 오래 같이 있으니까 그게 더 좋아요."

항상 같이 있어주지 못해서 미안한 마음이 컸는데, 그래서 함께 여행을 온 것인데 아이가 정곡을 콕 찌르는 것 같아 미안하고 아팠다.

"아빠가 항상 옆에 있어주지 못해서 미안해. 아빠는 군인이라서 나라를 지키러 가야 하니까, 항상 예진이 옆에 있을 수가 없어. 다른 친구들 아빠도 회사에 가잖아. 똑같은 거야."

"그런데 다른 친구들 아빠는 밤이 되면 오는데 아빠는 어쩌다 한 번씩 오잖아."

"응, 그건 아빠가 일할 때 조금씩 달라. 예진이가 본 건 아빠가 엄청 바쁠 때였고, 이제는 좀 괜찮아. 그런데 아빠가 집에 없으면 싫어?

내가 얼마 전까지 GOP 부대에서 근무해서 밤늦게 오고 일찍 나가다 보니 아이는 내가 집에 오지 않는다고 생각했던 것 같았다.

주변에 선후배들에게 이런 이야기를 많이 들었다. 군 생활을 하면서 아이에게 좋은 아빠가 되기 절대 쉽지 않다고 말이다. 특히 나이가 많은 선배님들은 군 생활도 잘하고, 집에서도 잘하고 싶지만 갈수록 힘에 부친다고 말이다.

일단 부대의 일이 우선이다. 그런데 부대의 업무는 생각보다 많다. 각종 훈련과 점검은 당연히 해야 하는 일이다. 다만 지금 코로나-19처럼 외부적인 요인으로 수시로 일정을 조정해야만 하는 경우가 많다. 이럴 때는 하나만 바꾸는 것이 아니라 이와 연관된 많은 것들을 확인하고 조정해야 한다. 그리고 이런 조정은 말로만, 계획으로만 바꾸는 것이 아니다. 먹고, 입히고, 움직이는 것 하나하나 세세하게 챙겨주지 않으면 장병들이 불편할 수밖에 없다.

그러니 정성을 들이지 않을 수가 없다. 내가 해보니 정말 정성을 쏟은 만큼 부대가 안정되었다. 부대에서 자신의 모든 에너지를 쏟아부었으니 집에서 쓸 에너지가 남아 있을 수 없다. 이런 까닭에 남편과 아내 두 사람 중 한 사람이 군인이면 결국 다른 한 명이 아이를 전담할 수밖에 없다. 만약 부부 군인이라면 부모님 지원이 없거나 맘시터를 쓰지 않고서는 절대 두 사람의 힘으로는 일과 육아를 병행하기가 쉽지 않다.

"예진아, 아빠는 항상 예진이를 다 지켜보고 있어. 네가 보이지 않는 곳에서 항상 '뭐 하고 있나? 선생님 말씀 잘 듣고 있나? 엄마 말도 잘 듣고 있나?' 하고 다 지켜보고 있어. 그러니 항상 아빠가 네 옆에 보고 있다고 여기고, 멋지고 당당하게 생활하면 어때? 그러면 아빠 너무 기분이 좋을 것 같아."

나는 마음속 이야기를 아이에게 전했다.

"알겠어요. 아빠. 그런데 어떻게 다 알아요?"

"아빠는 예진이를 너무 사랑하기 때문에 주변에서 다 가르쳐줘. 바다도 아빠한테 가르쳐주고, 바람도 아빠한테 가르쳐주고 다 알려줘. 볼래?

너 저 바다를 보면서 엄청 예쁘다고 생각했지? 그리고 너 이 섬에 들어올 때 다리 지나면서 무섭다고 생각했지? 아빠는 다 알아."

나의 엉터리 같은 대답에도 아이는 그냥 웃으면서 고개를 끄덕였다. 그렇게 관음도를 둘러보고 내려가려는데 다시 기분 좋은 바람이 살랑살랑 불어왔다. 'Breeze.' 아이 말대로 시원하고 달콤한 바람이다. '스윗 브리즈.'

"아빠, 지금 내가 무슨 생각 했을까요? 바람이 다 알려준다면서!"

나는 말하기 싫다고 했다. 그리고 아이에게 조용히 등을 내밀었다. 아이는 등에 업히며 "진짜네? 언제 말했어요?" 하고 다시 물어본다. 나는 아이를 등에 업고 내려오면서 아이에게 말했다.

"예진아, 우리 약속 하나 할까? 조금 전에 아빠가 예진이한테 말한 거 잊지 않기. 아빠는 네 눈에 보이지 않더라도 항상 예진이 옆에 있다는 거 믿기. 대신 아빠도 더 멋지고 좋은 아빠가 되도록 계속 노력할 테니. 어때?"

우리는 이렇게 약속하고 섬을 빠져나왔다.

여행을 마치고 부대에서 퇴근하고 집에 갔더니 아내가 말했다. 예진이가 울릉도 여행이 좋았는지 어린이집에 가서 아빠와 여행이 너무 재미있었다고 자랑을 했다고 했다. 그리고 항상 아빠가 보고 있다고 자신은 멋지고 예쁘게 어린이집을 다닐 거라고 했다고 한다. 기특하기도 하고 고맙기도 했다. 그리고 아내에게도 고맙다고 말했다.

나는 집에 늦게 들어오고 일찍 나갔다. 들어가면 10초 내로 잠들었다. 아내는 이런 나를 보면서 '여기가 하숙집도 아니고 잠자러 왔냐'며 핀잔을 주기도 했다. 하지만 아이들이 아빠의 빈자리를 느낄 때마다 '항상 아빠가 다 보고 있다'면서 아이들 마음에 나의 자리를 만들어준 것은 아내였다. 그래서 아이들이 보이지도 않고, 같이 놀아주지도 않고, 일만 하는 아빠를 밀어내지 않았던 것 같다. 오히려 아빠의 역할을 몰래 다 하면서 나라를 지키고 많은 사람을 지켜주는 훌륭한 사람으로 기억해주었으니 말이다.

나는 이날의 약속을 계속 실천하고 있다. 그리고 이번 육아휴직을 통해 아이들과 함께 생활하면서, 나는 세 아이 마음속 아빠라는 자리에 '항상 너희를 사랑하고, 믿고, 지지하는 영원한 팬이 있다.'라는 메시지를 남겨 두었다. 아이들도 이제는 안다.

나는 이제 곧 군인이라는 본래의 자리로 돌아가야 한다. 내가 어디에 있든지 아이들은 항상 나와 함께하고 있다고 생각하고 자신의 인생을 당당하게 살 것이다.

나는 아직도 아이들과 하고 싶은 것이 많다. 나의 버킷리스트에 있는 5대양 6대륙 가족 여행도 가야 하고, 아이들을 어느 정도 성장했을 때 자립하도록 손을 놓아주는 것도 연습해야 하고, 그리고 사랑하는 아내도 챙겨야 할 것이 많다.

그래서 아직은 아이들이 나를 좋은 아빠라고 단정하지 말고 그냥 아빠를 떠올리면 기분 좋게 피부에 닿는 시원한 바람 같은 사람으로만 생각해주면 좋겠다. 그래야 오늘도, 내일도 세 아이 덕분에 열심히 진행형으로 살아갈 것 같기 때문이다.